彩图版

Operation and Controlling for Distributed Resources
Connected to Power Grid

分布式电源并网
运行与控制

李瑞生　著

U0299912

中国电力出版社
CHINA ELECTRIC POWER PRESS

内 容 提 要

随着分布式可再生能源的快速发展，如何提高分布式电源的渗透率，提高配电网对分布式电源的接纳能力是近年来研究的热点。作者根据近几年分布式电源并网技术研究工作及示范工程实践建设的体会，撰写了本书。

本书共 6 章，内容包括：概述、分布式电源并网电源变换、分布式电源并网关键技术、分布式电源并网保护控制技术、分布式电源运行控制及运维系统，以及分布式电源并网运行与工程应用。

本书理论与实践相结合，思路清晰、结构严谨、内容深入浅出、文字简练、应用性强。本书可供从事分布式电源并网装备制造、运行管理的管理人员和技术人员学习使用，也可供高等院校相关专业师生参考阅读。

图书在版编目（CIP）数据

分布式电源并网运行与控制/李瑞生著. —北京：中国电力出版社，2017.9（2018.4重印）

ISBN 978 - 7 - 5198 - 1034 - 4

Ⅰ.①分… Ⅱ.①李… Ⅲ.①电源－研究 Ⅳ.①TM91

中国版本图书馆 CIP 数据核字（2017）第 188716 号

出版发行：中国电力出版社

地　　址：北京市东城区北京站西街 19 号（邮政编码 100005）

网　　址：http://www.cepp.sgcc.com.cn

责任编辑：崔素媛（cuisuyuan@gmail.com）

责任校对：王小鹏

装帧设计：张俊霞　左　铭

责任印制：杨晓东

印　　刷：北京九天众诚印刷有限公司

版　　次：2017 年 9 月第一版

印　　次：2018 年 4 月北京第二次印刷

开　　本：710 毫米×1000 毫米　16 开本

印　　张：11.75

字　　数：218 千字

定　　价：58.00 元

序

分布式电源接入配电网是智能配电网的重要特征和内容，也是清洁能源与传统电网结合的必然趋势。随着"互联网＋智慧能源"的开展，用户侧区域能量互联网的建设已经兴起，在这样的背景下，利用光伏和风力发电、电动汽车以及储能等接入配电网，实现分布式发电的安全并网、即插即用和就地消纳，是构建清洁低碳、绿色可持续发展的能源转型供给的重要形式。

分布式电源并网系统是以光伏发电和风力发电为主的分布式发电、以储能技术为基础的平滑调节分布式发电和以电动汽车参与电网的局部能量平衡等主要部分构成，也包括微电网方式接入。针对分布式电源并网共性技术问题，包括：安全并网、信息互联、微电网离网能量平衡、无缝切换、提高接入渗透率和分布式电源运行维护等，本书作者将理论与实践相结合，把自己多年来研究的技术应用到实际工作中，积累了大量的工程应用经验和试验数据。

近几年关于分布式发电介绍和研究的文章及书籍很多，但本书没有从传统的角度和方法介绍各种分布式发电及技术，而是从分布式电源的概念及特点出发，针对配电网的运行实际和存在问题，在分布式电源并网要求、关键技术以及应用方式等方面做了深入浅出的阐述。尤其是作者介绍了自己主持或参与的相关科研项目和工程应用项目上取得的一些成果和经验，比如：提出并采用模块化三电平 DC/AC、DC/DC 电源转换技术，构成不同容量、不同应用场景的电源转换设备；创新性提出低频电源注入式主动孤岛检测技术、自动过电压/功率（U/P）控制技术、自动过频率/功率（f/P）控制技术、预同步并网技术、自趋优虚拟同步发电机技术、交直流混合微电网协调控制技术、无通信线互联微电网控制技术、主动配电网保护控制等技术和实现手段。书中通过仿真试验和应用案例验证，既说明了要解决的问题并给出实验方法，又可以明确地指导具体工程实践。

　　该书是作者从事新能源并网技术研究的切身体会和经验心得，对从事新能源并网装备制造、电力企业配电网运行管理等行业的工程技术人员不失为一本很好的学习资料，也是可供高等学校相关专业师生阅读的一部参考书，特此推荐，期望分享。

沈兵兵

河海大学

江苏省配用电与能效工程技术研究中心

2017 年 8 月

作为广泛利用的可再生清洁能源的光伏发电、风力发电，其利用方式分为集中利用和分散利用。分布式光伏发电、分布式风力发电、储能装置和电动汽车的发展是新能源利用的发展趋势，它们都属于电源转换，应用场景都是需要接入配电网，但它们在时间及空间上存在差异，接入配电网也存在不同，把它们统一按照"随机性电源"考虑，从"即插即用"角度，探讨分布式电源的特点及即插即用的要求，实现即插即用需要的关键技术。

随着分布式电源并网的快速发展，需要在分布式电源并网技术、储能、微电网技术上开展技术研究，提升配电网对新能源消纳的能力。作者根据工作中的实践，撰写了本书。本书全面系统地介绍了分布式电源并网的基本概念、电力电子类型电源变换、分布式电源并网关键技术、分布式电源并网保护控制技术、分布式电源运行控制及工程应用。

本书共 6 章。第 1 章概述，主要介绍分布式电源的概念和特点、并网要求、并网关键技术和应用方式。

第 2 章分布式电源并网电源变换，主要介绍三电平 DC/AC 电源转换、三电平 DC/DC 电源转换、三电平双向 DC/AC 电源模块、三电平双向 DC/DC 电源模块和电力电子电源转换设备。

第 3 章分布式电源并网关键技术，主要介绍低频电源注入式主动孤岛检测技术、自动过电压/功率（U/P）控制技术、自动过频率/功率（f/P）控制技术、预同步并网控制技术、自趋优虚拟同步发电机技术、母线占优混合微电网协调控制技术和无通信线互联微电网控制技术。

第 4 章分布式电源并网保护控制技术，主要介绍架空线路主动配电网的纵联保护和电缆线路主动配电网的差动保护。

第5章分布式电源运行控制及运维系统，主要介绍分布式电源运行控制系统、IEC61850在分布式电源中的应用和基于物联网的分布式电源运维方案。

第6章分布式电源并网运行与工程应用，主要介绍多能互补主动配电网示范工程、高密度分布式能源接入交直流混合微电网示范工程及北辰商务中心绿色办公示范工程。

分布式电源并网处于不断地研究及探索中，本书仅对所研究和实践结果进行阶段性总结。旨在为本领域的同行提供可借鉴的相关技术及经验，共同探索分布式电源并网中的问题。

本书由教授级高工李瑞生著，许继集团研发中心的马红伟、李献伟、郭宝甫、张海龙、谢卫华、翟登辉、徐军、田盈、毋炳鑫、王卫星、刘洋等在研究过程中共同探讨，这些研究成果是与他们在研究课题过程中共同取得的成果。河海大学的沈兵兵教授、华中科技大学的苗世洪教授在百忙之中审阅了本书稿并提出了宝贵的修改意见，在此一并对他们表示衷心的感谢！在本书撰写过程中参阅了大量的论著文献，在此对这些论著文献的作者表示衷心的感谢。

限于作者水平和撰写时间，书中难免存在不足之处，恳请广大读者批评指正。

作　者

2017 年 8 月

目 录

第 1 章

概　　述

在清洁低碳、安全高效的新能源体系中，充分利用风能、太阳能等可再生能源，使配电网接纳更多的新能源，提高新能源接入的渗透率，需要解决新能源并网、储能控制、电动汽车接入、微电网控制等关键技术。根据利用方式，新能源接入分为集中利用和分散利用。集中利用是大型光伏电站和大型风电场作为单一大型电源直接接入大电网，本书不做论述。分散利用是光伏和风力发电分散接入配电网，结合储能技术、电动汽车接入，实现光伏和风力发电就地消纳、即插即用（Plug and Play，PNP）。本书主要讨论分散利用方式。

1.1　分布式电源的概念和特点

1.1.1　分布式电源的概念

新能源集中利用接入电压等级在 35kV 以上，容量一般在 10MW 以上，具有易于大电网接纳等优点；分散利用布置在用户附近，用户自发自用、多余电量上网，接入电压等级在 10kV 以下，容量一般在 6MW 以下，具有就地消纳、输配电损耗低、建设成本低等优点。光伏发电、风力发电接入配电网，采用分散利用方式，称为分布式发电（Distributed Generation，DG），IEEE 1547—2003《IEEE Standard for Interconnecting Distributed Resources with Electric Power Systems》给出的定义：分布式发电是通过公共连接点（Point of Common Coupling，PCC）连接到一个区域电力系统的发电设施，是分布式电源（Distributed Resources，DR）的子集。由于光伏发电出力多少随太阳日照变化而变化，风力发电出力多少随风速变化而变化，所以分布式发电体现的特征是随太阳昼夜变化及风速等气候变化而变化，即分布式发电具有随机性、间歇性和波动性等特点，这是与常规能源发电的最大不同。

随着储能技术的引入，分布式发电的随机性、间歇性和波动性得到了改善。储能在配电网用电低谷时储存多余的电能，在配电网用电高峰时供给配电网，可有效改善分布式发电的间歇性。IEEE 1547—2003 给出分布式电源的定义是：分布式电源不直接连接到大电网系统，分布式电源包括分布式发电和储能技术。在国家电网公司 2013 年 2 月向社会正式发布《关于做好分布式电源并网服务工作的意见》中，明确指出分布式电源是指位于用户侧附近，所发电能就地利用，以 10kV 及以下电压等级接入配电网，且单个并网点总装机容量不超过 6MW 的发电项目。

配电网引入储能后，改善了分布式发电的随机性、间歇性和波动性，不仅可有效实现需求侧管理，消除昼夜间峰谷差，平滑负荷，还可有效地提高电力设备的利用率，降低供电成本；另外，还可促进可再生能源的应用，也可作为提高系统运行稳定性、补偿负荷波动的一种手段。

储能技术在电网系统主要采用抽水蓄能、化学电池、超级电容器、压缩空气、飞轮储能等，在分布式发电领域主要采用锂电池、铅酸电池和超级电容器储能技术。另外，随着电动汽车逐渐普及，电动汽车不仅作为交通工具，其 V2G（Vehicle-to-Grid，V2G）技术也可将电动汽车的电能输送到电网，使电动汽车具备双向可控负荷（Controllable Load，CL）特征，作为配电网的有效可调节负荷使用。电动汽车是一种储能装置的特殊载体，充电站的充电设备，等同于储能变流器，可以实现电能在电动汽车和电网之间的能量互换。但电动汽车与人的出行时间相关，在时间和空间维度上均存在随机性。

分布式光伏发电、分布式风力发电、储能和电动汽车的发展是新能源利用的发展趋势，它们还有一个共同特点：都属于电力电子类型电源，这是与常规电源的最大不同，它们的应用场景都是需要接入配电网，但它们在时间及空间上又存在差异。本书着重介绍电力电子类型分布式电源，对同步发电机、感应电机类的常规分布式电源不做介绍。本书从分布式电源并网友好利用出发，阐述实现分布式光伏发电、分布式风力发电、储能和电动汽车可控柔性接入技术，适应配电网主动管理技术和实现分布式电源的即插即用接入技术。

1.1.2 分布式电源的特点

1. 电力电子化

（1）分布式光伏发电

目前，配电网是交流电网，将光伏发电系统接入交流配电网，则需要把直流电转换成交流电。如图 1-1 所示，通过光伏逆变器可以将光伏电池发出的直流电转换为交流电，从而接入交流电网。光伏逆变器是一种电力电子电源转换装置，它由逆变桥、LC 滤波等器件组成。逆变桥实现直流到交流转换，LC 实现滤波，电能流向是单向的。

未来配电网不仅有交流配电网，也会存在直流配电网，形成交直流混合配电

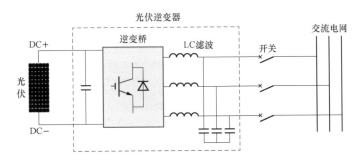

图 1-1　光伏发电通过光伏逆变器接入交流电网

网，既可以直接向交流负荷供电又可以直接向直流负荷供电。交直流混合配电网可同时发挥直流配电网和交流配电网的优势，对于直流负荷可采用直流配电网供电，省去直流负荷所需的交流到直流的变换，减少一级转换损耗。如图 1-2 所示，光伏电池发出的直流电，通过光伏变流器（光伏接入交流电网需要直流到交流的逆变，所以接入交流电网通常叫逆变器，光伏接入直流电网需要直流到直流的变换，这种变换器称光伏变流器）接入直流配电网，光伏变流器是一种电力电子电源转换装置，是由半导体器件组成的单向 DC/DC，光伏变流器一般采用 boost 升压电路，完成直流电到直流电的转换，电能流向是单向的光伏电池到直流电网。

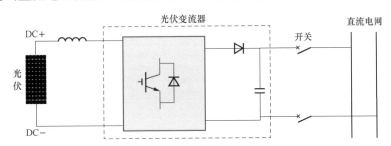

图 1-2　光伏发电通过光伏变流器接入直流电网

（2）分布式风力发电

风力发电是将风能转化为电能的一种发电方式，风力发电机组通过特殊设计的叶片，充分吸收风中的能量，并将风能转化为机械能，带动发电机转动，最终实现将风的动能转化为电能。

常用的风力发电系统有直驱风力发电机组和双馈风力发电机组；直驱风力发电机组通过全功率变流器并网，双馈风力发电机组通过双馈变流器实现并网。

图 1-3 所示为永磁同步直驱风力发电系统，该系统是利用风能推动风机旋转带动发电机，将机械能转换为电能。永磁同步发电机的定子输出为幅值和频率变化的

交流电，该交流电通过 AC/DC 整流后变成直流电，然后通过 DC/AC 逆变，接入交流配电网，电能流向是单向地从风机到交流电网。当接入直流配电网时，可以省去 DC/AC 逆变环节。

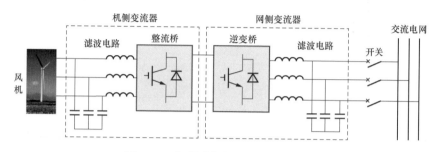

图 1-3　永磁同步直驱风力发电系统

　　图 1-4 所示为双馈风力发电系统，双馈发电机的定子和转子均可以向电网输送电能，双馈发电机的转子通过变流器与电网连接，定子直接与电网连接。当发电机转子转速发生变化的时候，变流器通过改变励磁电流频率的方式，保证定子旋转磁场的频率与电网频率相同，电能流向是单向地从风机到交流电网。

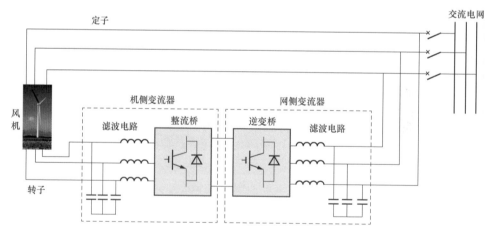

图 1-4　双馈风力发电系统

　　（3）储能

　　储能系统既可以作为电源也可以作为负荷，具备电能存储、平滑分布式电源出力和削峰填谷的功能。如图 1-5 所示，储能电池通过储能变流器，接入交流电网。当接入直流配电网时，需利用 DC/DC 变流器进行电压幅值变换，实现电能在储能系统与电网之间的双向流动。

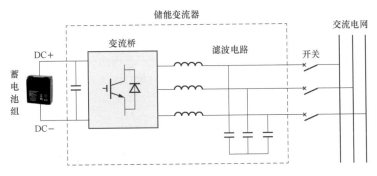

图1-5　储能通过变流器接入交流电网

（4）电动汽车

未来，电动汽车可作为一种随机负荷存在，也可以充当一种分布式储能，参与电网的局部能量平衡，实现与电网的双向互动，为大规模分布式电源的并网消纳提供支持。图1-6所示为电动汽车通过变流器接入交流电网，电能流向是电池与电网之间的双向流动。

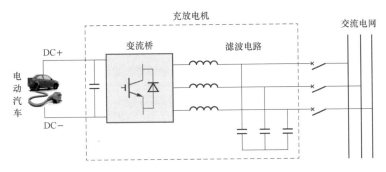

图1-6　电动汽车（V2G）接入电网

光伏发电、风力发电、储能装置、电动汽车充放电都是通过电力电子类型的变流器并网。逆变器、变流器、充电机均能够实现电源转换，它们是根据应用场景的不同，实现不同的电源转换需求。都是采用DC/DC及DC/AC构成所需要的电源转换设备，如图1-7所示。

2. 改变接入点电压

分布式电源接入配电网后，传统配电网的潮流分布会发生改变，同时会改变接入点的稳态电压。接入点电压的变化大小与分布式电源接入点位置以及容量大小有关。由于注入有功功率会引起节点电压升高，相关标准规定了电压异常响应分布式电源脱网时间，见表1-1。从表1-1可以看出，分布式电源接入配电网对电压异常

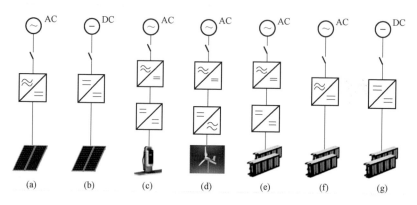

图 1-7　不同类型的电力电子电源

(a) 光伏逆变 (DC/AC)；(b) 光伏变流 (DC/DC)；(c) 充电机 (DC/DC＋DC/AC)；

(d) 风机变流 (AC/DC＋DC/AC)；(e) 储能变流 (DC/DC＋DC/AC)；

(f) 储能变流 (DC/AC)；(g) 储能变流 (DC/DC)

响应要求非常苛刻，当电压超过 $1.1U_n$ 时，要求分布式电源在规定的时间内脱网；其中表 1-1 中标准 [1]、 [2] 最严格，当 $1.1U_n<U<1.2U_n$ 时，脱网时间为 60(100) 电网周期；当 $U\geqslant 1.2U_n$ 时，脱网时间为 10 个电网周期。这样可以避免分布式电源接入对配电网造成不利的影响。

表 1-1　　　　　　　　　相关标准的过电压异常响应要求

过电压范围（%U_n）	最大分闸周期数 N①	相关标准
$110<U<120$	$60^{[1]}$, $100^{[2]}$, $\geqslant 500^{[8]}$	[1] IEEE 1547—200 《IEEE Standard for Interconnecting Distributed Resources with Electric Power Systems》 [2] Q/GDW 564—2010《储能系统接入配电网技术规定》 [3] Q/GDW 480—2010《分布式电源接入电网技术规定》 [4] NB/T 32004—2013《光伏发电并网逆变器技术规范》
$U\geqslant 120$	$10^{[1]}$, $10^{[2]}$, $6^{[13]}$	[5] GB/T 20046—2006《光伏 (PV) 系统电网接口特性》 [6] GB/T 19939—2005《光伏系统并网技术要求》 [7] Q/GDW 617—2011《光伏电站接入电网技术规定》 [8] GB/Z 19964—2005《光伏发电站接入电力系统技术规定》
$110<U<135$	$100^{[3][4][5][6][7][9][10]}$; $120^{[11]}$	[9] GB/T 29319—2012《光伏发电系统接入配电网技术规定》 [10] CGC/GF001：2009《400V 以下低压并网光伏发电专用逆变器技术要求和试验方法》
$U\geqslant 135$	$10^{[3][9]}$; $2.5^{[4][5][6][7][10]}$; $3^{[11]}$	[11] IEC 61727—2004 《Photovoltaic (PV) systems-haracteristics of the utility interface》

过电压范围（%U_n）	最大分闸周期数 N①	相关标准
120≤U≤130	≥2.5[8]	[12] VDE‐AR‐N4105：2011—08《Power generation systems connected to the low-voltage distribution network》
110<U<115	6[12]	[13] BDEW《Generating Plants Connected to the Medium-Voltage Network》
U>115	6[12]	

① N 代表电网周期 T 的个数，其值由国际标准的 60Hz、国内标准的 50Hz 分别计算得到。

同电压异常响应一样，从接入配电网安全考虑，尤其是防止孤岛现象的出现，国内外相关标准均对分布式电源接入后的频率异常响应提出了专门要求。如：频率上限超过 0.5Hz 或下限超过 0.7Hz，在规定的时间内要求分布式电源脱网，脱网时间 6 个电网周期，表 1‐2 所示为分布式电源正常运行时要求的电网电压及频率。

表 1‐2 分布式电源正常运行时要求的电网电压及频率

电压范围（%U_n）	频率	相关标准
85<U<110	f_{nom}	[1] IEEE 1547.2003《IEEE Standard for Interconnecting Distributed Resources》
		[2] NBT 32004—2013《光伏发电并网逆变器技术规范》
		[3] GB‐T 20046—2006《光伏（PV）系统电网接口特性》
		[4] GB‐T 10030—2005《光伏系统并网技术要求》
		[5] GB‐Z 19964—2005《光伏发电站接入电力系统技术规定》
		[6] GB/T 29319—2012《光伏发电系统接入配电网技术规定》
		[7] IEC 61727—2004《Photovoltaic（PV）systems haracteristics of the utility interface》
U_{nom}	$f_{nom}-0.7\text{Hz}<f$ $f<f_{nom}+0.5\text{Hz}$	[8] VDC‐AR‐N 4105：2011‐08《Power generation systems connected to the low-voltage distribution network》
		[9] BDEW《Generating Plants Connected to the Mediu m-Voltage Network》

注 U_{nom}—电网电压幅值的标准值；f_{nom}—电网频率的标准值。

3. 随机性

分布式电源接入配电网的并网要求是一致的，但不同类型的电源之间有不同的差异，这些差异主要体现在时间、空间、能量流动等方面。在时间方面：光伏发电出力随昼夜日出变化，风力发电出力随气候风速变化，储能出力随削峰填谷曲线变化，电动汽车随人的用车出行行为变化；在空间方面：光伏发电、风力发电、储能位置固定不变，电动汽车随车辆移动位置变化；在能量流动方面：光伏发电、风力发电均是向电网输送电能，能量是单向流动，储能及电动汽车则既可以向电网输送电能，也可以从电网吸收电能，能量是双向流动。

4. 配电网消纳困难

分布式电源接入配电网的电气特性是一致的，但它们接入配电网的需求则是不同的。分布式光伏发电、风力发电是尽可能多发电，渗透率（Capacity Penetration，CP）越高越好，但分布式电源无约束大规模接入以及负荷的多变性可能会引起较大的电压偏差和波动，甚至出现电压越限现象，影响配电网安全。这造成了高渗透率与配电网安全之间的矛盾。分布式电源尽量多发电，提高发电渗透率，渗透率过高又可能导致逆变器（变流器）因过电压而退出，分布式电源频繁投入/退出，又降低了分布式电源的发电量。储能单元能有效改善分布式发电的间歇性，但电动汽车由于空间差异，无约束的充放电以及负荷的多变性同样会引起电压偏差和波动，影响配电网的安全。

1.2 分布式电源并网要求

1.2.1 安全并网

分布式电源接入配电网后，都需要考虑并网的安全性，最重要的是要考虑配电网由于故障或自然因素等原因中断供电时，分布式电源向负荷供电所形成的孤岛现象。分布式电源的安全并网，保证维修人员的人身安全是第一位的。目前的孤岛检测方法有两种，一种是设置在逆变器内部，分为被动检测法和主动检测法。被动检测法通过电压、频率、相位、谐波等是否出现异常来判断是否形成孤岛，但被动检测法存在检测盲区问题；主动检测法通过在输出电流的幅值、频率、初始相位注入扰动来判断是否形成孤岛，经常采用的有功率扰动法、频率扰动法、相位偏移法等。当存在多台逆变器并联运行时，主动检测法会因扰动不同步而造成检测不准确。另一种是设置在逆变器外部，通过通信手段检测断路器状态实现孤岛检测或通过设置专门的反孤岛装置。主要原理为通过操纵开关及扰动负载，进而改变功率平衡来实现孤岛检测。该方法缺点为依赖通信检测断路器状态且较为复杂，要求配网自动化水平高，采用专门的反孤岛装置需要手动投入。因此需要一种不依赖逆变器与通信系统、不需要人工投入的主动式反孤岛方法以实现分布式电源的安全并网。

1.2.2 信息互联

分布式电源接入配电网需要相应的互联设备。目前，互联设备信息众多，规约类型多样，需要信息互联互通，实现信息互联与即插即用。为适应分布式电源各种运行和控制模式的需求，IEC 61850 - 90 - 7《分布式能源系统》应用 IEC61850 建模，支持分布式能源紧急控制、电压无功控制、频率控制、电压管理等各类业务，实现分布式电源信息互联。信息互联技术特征是"分布式电源＋互联网"，采用移动终端对分布式电源设备调试整定，实现非接触式的调试、检查、诊断，从而保证人身设备的安全。

1.2.3 高渗透率控制

当分布式电源渗透率达到 15%～20% 时，会对配电网功率平衡和安全稳定性带来影响。为提高分布式电源的渗透率，控制系统利用信息、通信以及电力电子技术对规模化接入分布式电源的配电网实施主动管理；分布式电源需要满足协调控制系统的要求，并快速响应控制系统的调度。

1.2.4 电力电子电源转换统一

分布式电源都属于电力电子类型电源，由于应用场景的不同，把它们分成逆变器、变流器、充电机。在工程应用中，电力电子电源根据应用场景专用设计，存在拓扑结构差异大，电气接口不统一，设备损坏更换可替换性差等缺点，同时存在传统两电平 DC/AC 及 DC/DC 开关器件损耗大、整机效率低、功率密度不高等缺点。目前很难解决交流接入配电网并网点电压波动、频率偏移、电网故障穿越、负荷不平衡抑制、微电网并离网无缝切换、多机无通信线自主并联等技术难题；未来的交直流混合微电网系统中也存在直流电网节点功率波动、电压振荡、孤岛运行模式下直流电网电压支撑、直流无通信线自主并联等技术难题。因此需要对不同类型的分布式电源的电源转换进行统一，采用高功率密度、可自主并联、接口统一的三电平 DC/DC 及 DC/AC 构成需要的电源转换设备，实现分布式电源接入设备的即插即用。

1.3 分布式电源并网关键技术

1.3.1 低频电源注入式主动孤岛检测技术

分布式电源接入配电网，从用电安全考虑，需要分布式电源具备孤岛保护功能。当发生孤岛现象时，孤岛保护动作，与配电网断开，保证人身及设备安全。目前分布式电源并网还存在以下问题：①在多分布式电源并联时，孤岛保护存在失效可能；②DG 采用虚拟同步发电机特性时，孤岛保护失效；③双向充电机不具备孤岛保护。因此需要不依赖分布式电源、不依赖通信的低频电源注入式主动孤岛检测技术。设置安全互联装置，集成开关、保护、测控、通信等功能，满足电气互联安全，方便接入配电网，实现分布式电源接入配电网的即插即用功能。

1.3.2 自动过电压/功率（U/P）控制技术

分布式电源无约束大规模接入配电网以及负荷的多变性等因素会引起较大的电压偏差和波动，甚至出现过电压现象，导致逆变器退出运行。分布式电源工作在PQ 模式时，采用自动过电压/功率（U/P）控制技术，分布式电源根据接入点电压情况自动进行出力调节，解决由于分布式电源有功出力过多引起电压升高，使分布式电源退出运行、不能有效发电的问题；电压恢复正常后，自动恢复分布式电源正常运行特性，以提高分布式电源接入时间，实现按最大发电量渗透率运行。

1.3.3 自动过频率/功率（f/P）控制技术

分布式电源接入配电网，一般运行在最大功率点跟踪方式，不参与电网动态调频调压。利用自动过频率/功率（f/P）控制技术，主动参与电网频率电压控制，提高分布式电源接入电网的友好性。在微电网离网运行时，需要实时保持微电网的离网能量平衡，在电池充满电的情况下，即荷电状态（State of Charge，SOC）过高情况下，多余的电能不能储存，负荷又消耗不掉，这时电能过多造成微电网失去能量平衡而崩溃，这就需要过频率功率自动控制技术，限制分布式发电出力，以保持微电网离网能量平衡。

1.3.4 预同步并网技术

分布式电源采用电压源，如光储一体机及微电网系统离网运行时，其电压一般与电网侧电压存在偏差（相位、幅值和频率），如果不进行同步控制而直接合闸并网，那么较小的电压差和相位差加在很小的连接阻抗上，就会出现较大的冲击电流，甚至导致并网失败和设备损坏。采用预同步并网技术，实现幅值和相位逐步逼近，保证电压源电压幅值、相位与电网侧电压的幅值、相位一致，实现"零冲击"自动并网。

1.3.5 自趋优虚拟同步发电机技术

由于分布式电源采用电力电子类型的电源转换，电力电子类型电源采用数字电路控制，暂态响应速度快，没有惯性，不能参与电网的调频及调压。在 DG 接入容量小、渗透率低时，依靠配电网提供稳定的电压及频率；在 DG 接入容量大、渗透率高时，过多无惯性的分布式电源会对配电网稳定造成影响。此时可采用具有惯性的 DG，参与配电网调节，实现 DG 高渗透率即插即用接入配电网。如：DG 高渗透率接入配电网，系统频率偏差较大时，具有转动惯量的 DG 使配电网系统整个转动惯量加大，使系统频率变化趋于平缓；具有阻尼的 DG 使配电网系统整个阻尼加大，使系统频率变化时暂态过程变短。在微电网应用中，具有惯性的 DG 在微电网离网运行时，使微电网离网运行的整个转动惯量作用更加明显，更能大大提高微电网离网运行的稳定性，同时还能解决微电网计划孤岛及非计划孤岛时，并网转离网的无缝切换、过电压等技术难题。虚拟同步发电机技术（Virtual synchronous generator，VSG）能实现分布式电源友好并网、微电网即插即用接入，满足分布式电源高渗透率接入要求。

传统同步发电机转动惯量和阻尼是固定不变的，设计制造好的同步发电机，不能改变转动惯量和阻尼。采用自趋优虚拟同步发电机技术，充分利用电力电子电源柔性可控的特点，既具有同步发电机技术转动惯量和阻尼，参与电网调节，又可以改变传统同步发电机转动惯量和阻尼固定不变的缺点，在电压频率扰动大时，转动惯量和阻尼增大，在电压频率扰动小时，转动惯量和阻尼变小，实现转动惯量和阻尼大小随频率扰动的变化而变化，自适应频率变化。

1.3.6　交直流混合微电网协调控制技术

交直流混合微电网同时含有交流母线与直流母线，既可以直接向交流负荷供电又可以直接向直流负荷供电，可同时发挥直流微电网和交流微电网的优势，因此交直流混合微电网协调控制技术就变得不可或缺。交直流混合微电网并网运行时，控制交流母线和直流母线之间的功率潮流流动；离网运行时，根据交流母线为主或直流母线为主，控制相应的其他母线电压，保证交直流混合微电网离网稳定运行。

1.3.7　无通信线互联微电网控制技术

目前的微电网结构复杂，控制设备多，依赖微电网控制中心（Micro-Grid Control Center，MGCC）集中管理各个分布式电源、储能装置、负荷，实现微电网离网能量平衡。从建设成本及经济性角度考虑，并不适应商业应用，需要无通信线互联微电网控制技术，不依赖通信、不增加控制设备、仅由储能装置与 DG 实现自主并联，构成一种最简单物理结构的即插即用微电网，降低微电网建设成本，使微电网建设成本同分布式电源建设相同，便于微电网建设及推广应用。

1.3.8　主动配电网保护控制技术

分布式电源接入配电网，配电网潮流由单向流动变为双向流动，给配电网保护、配电自动化和故障处理过程带来影响。主要影响有：末端故障电流助增保护灵敏度降低、相邻线保护误动、重合闸不成功等问题。分布式电源接入配电网后，根据配电网电缆线路或架空线路不同，分布式电源的非放射式（网络化）配电网等需要采用新的继电保护技术原理，从而适应未来主动配电网。在配电网引入了输电网继电保护技术，通过电流差动保护和方向比较保护来解决主动配电网继电保护问题，实现配电网快速准确的故障定位和故障隔离。

1.4 分布式电源应用方式

1.4.1 分布式电源直接接入方式

分布式电源接入配电网，接入电压等级分为 10kV 和 380V/220V 两种，这两种接入方式，主要是与接入容量有关。如表 1-3 所示，接入容量大于 400kW，采用 10kV 电压等级三相接入方式；接入容量在 8~400kW，采用 380V 电压等级三相接入方式；接入容量在 8kW 以下，采用 220V 电压等级单相接入方式。接入容量根据具体接入情况又分为专线接入及 T 接接入。图 1-8 所示为分布式电源的几种典型接入方式，对 T 接接入容量，10kV 电压等级除了要满足变压器容量要求外，还要求接入容量不大于 3MW；380V 电压等级除了要满足变压器容量要求外，还要求接入容量不大于 50kW。

表 1-3   分布式电源典型接入方式及容量

电压	容量	<8kW	8~50kW	30~400kW	400~3000kW	2000~6000kW
10kV		—	—	—	T 接	专线
380/220	380V		T 接	专线	—	—
	220V	T 接	—	—	—	—

1.4.2 光储一体机方式

为提高分布式电源接入的渗透率，分布式电源接入的方式朝两个方向发展：一个是区域的分布式发电接入，一般容量较大，大于 50kW；另一个是家庭用户的光伏接入，容量较小，适合一个家庭或多个家庭使用，一般小于 20kW。户用光伏通过采用光储一体机方式，解决家庭照明等一些日常电器的基本用电需求。光储一体机设计方式有共交流母线、共光伏母线以及共直流母线三种形式。其中采用共直流母线的系统结构，如图 1-9（c）所示，光伏电池通过单向 DC/DC，储能经过双向 DC/DC 并入直流母线，直流母线通过双向 DC/AC 并入电网，这种结构优点是电池的充电级数比较少、效率高、成本低，是目前比较常用的光储一体机方式结构形式。

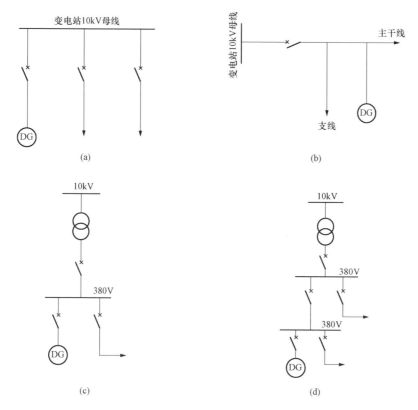

图 1-8 分布式电源接入配电网典型接线

(a) 10kV 专线；(b) 10kV T 接；(c) 380V 专线；(d) 380V T 接

1.4.3 微电网方式

另一种较好的分布式发电区域电能利用方式是微电网（Micro-Grid，MG）方式，微电网是由分布式发电、储能装置、负荷和控制装置等组成的具有自我控制、管理和保护的自治系统，既可以与配电网并网运行，也可以离网运行，微电网技术是有效利用分布式发电的技术途径。微电网有交流微电网、直流微电网、交直流混合微电网三种。图 1-10 所示为交直流混合微电网结构图。交直流混合微电网公共连接点（Point of Common Coupling，PCC）有两个，PCC1 是交流公共连接点，PCC2 是直流公共连接点。图中通过 PCC1 连接的是交流微电网，交流微电网中分布式发电通过单向 DC/AC、储能通过双向 DC/AC 连接交流母线，交流微电网既可并网运行，也可以离网运行；通过 PCC2 连接的是直流微电网，直流微电网中分布式发电通过单向 DC/DC、储能通过双向 DC/DC 接直流母线，直流微电网既可并网

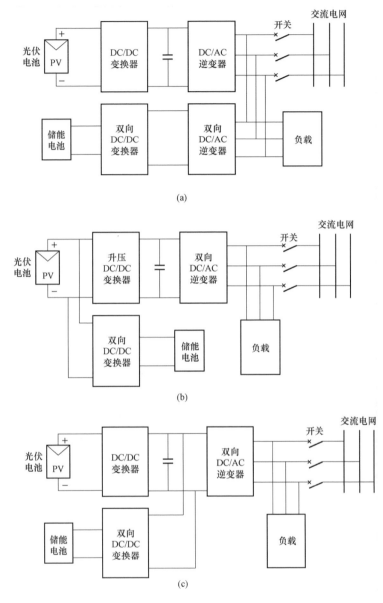

图 1-9　光储一体机系统结构
(a) 共交流母线；(b) 共光伏母线；(c) 共直流母线

运行，也可以离网运行；在交直流混合微电网中，交流微电网和直流微电网之间通过 DC/AC 协调控制器实现交流母线到直流母线能量的双向流动，交直流混合微电网既可并网运行，也可以离网运行。

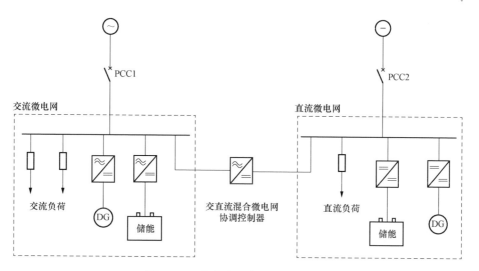

图 1-10　交直流混合微电网结构图

第 2 章

分布式电源并网电源变换

分布式电源并网的共同特点是电力电子电源，分布式电源并网通过电源变换实现直流到交流或直流到直流的电源转换。无论采用电压源并网或电流源并网，其电源功率转换单元为基本 DC/AC 及 DC/DC 变换器，传统的 DC/AC 及 DC/DC 采用两电平技术，需要对输出进行 LC 滤波设计；多电平技术在超过 10 个电平以后，基本可以不需要滤波输出工频交流。分布式电源由于成本问题，三电平以上的多电平技术没有成本优势，但可以采用最少的多电平技术——三电平技术。其优点是：接近正弦波的输出，谐波含量小，转换效率高、对系统影响小。三电平技术的滤波电感小，可以降低成本，整机体积较小、重量较轻、功率密度高。采用三电平实现电力电子电源转换优势明显，简单的滤波可以得到很好的交流输出，本章以三电平实现 DC/AC 及 DC/DC 为例，介绍电力电子类型的电源转换。

2.1　三电平 DC/AC 电源转换

目前，DC/AC 功率模块采用的脉冲宽度调制（Pulse Width Modulation，PWM）电源转换技术，由两电平向多电平发展。电平数是指 DC/AC 的输出（滤波电感前）对直流母线中点相电压的电压等级数，电压等级的数量大于等于 3 称为多电平，若相电压只有 $\pm U/2$，则是两电平，其线电压为 0、$\pm U$；若相电压只有 0、$\pm U/2$，则是三电平，其线电压为 0、$\pm U/2$、$\pm U$；若相电压有 0、$\pm U/4$、$\pm U/2$，则是五电平，其线电压为 0、$\pm U/4$、$\pm U/2$、$\pm 3U/4$、$\pm U$。如图 2-1 所示。

相对于两电平而言，三电平具有以下主要优点：①谐波含量低，滤波电感量小；②开关频率较低，开关损耗较小，开关动作时的电压变化率（dU/dt）小，引起的电磁干扰（Electromagnetic Interference，EMI）较小；③系统效率高，易于模块化并联。而多电平的电平数越多，其输出电压波形就越接近于正弦波，但是其拓扑结构以及控制系统较为复杂。因而采用三电平 DC/AC 功率模块，实现功率模块自主并联以构成大容量电源转换，构成功率全覆盖的直流到交流的电力电子电源转换，是比较合理且经济的技术路线。

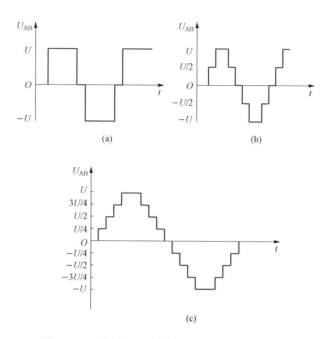

图 2-1 两电平、三电平以及五电平的线电压图
(a) 两电平；(b) 三电平；(c) 五电平

2.1.1 三电平 DC/AC 拓扑结构

目前将三电平拓扑结构归纳起来，主要有以下三种。

（1）中点钳位（Neutral Point Clamped，NPC）三电平拓扑结构，又称二极管钳位三电平拓扑结构，由德国学者 Holtz 于 1977 年首次提出，如图 2-2（a）所示，直流侧设置 2 个串联的电容，桥臂间设置 2 个钳位二极管，4 个开关管，直流侧电压为 U_{dc}，每个电容所承受的电压均为 $U_{dc}/2$，可输出相电压分别为 $U_{dc}/2$、0、$-U_{dc}/2$ 三个不同电压值，由于钳位二极管的作用，每个开关器件所承受的电压被限制到了 $U_{dc}/2$，而每个钳位二极管在阻断状态下也都要承受同样的电压，此结构为 NPC 的典型结构，属于"I"型拓扑。

（2）飞跨电容式三电平拓扑结构，如图 2-2（b）所示，它在二极管钳位型三电平电路的基础上，使用电容代替钳位二极管，实现对开关管电压的钳位功能。

（3）混合钳位式三电平结构，如图 2-2（c）所示，是将中点钳位与飞跨电容型相结合以构成混合钳位式。

除了典型 NPC 三电平拓扑外，其衍生拓扑结构主要有 I 型带电容分压器结构、I 型有源 NPC、T 型拓扑结构（分共集电极和共发射极两种），如图 2-3 所示。

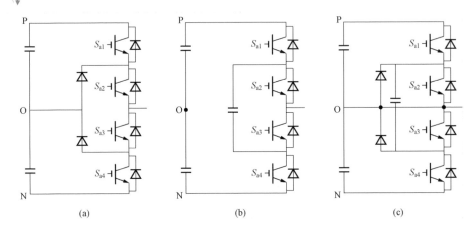

图 2 - 2　三电平拓扑结构

（a）NPC 钳位式；（b）飞跨电容式；（c）混合钳位式

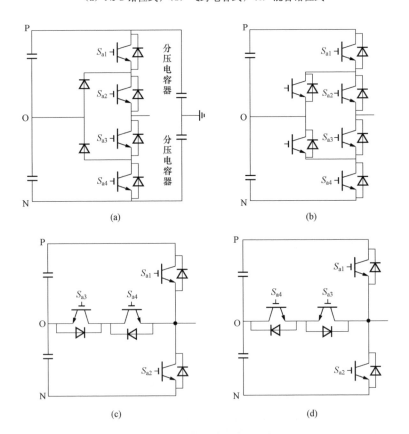

图 2 - 3　NPC 三电平衍生拓扑结构

（a）I 型带电容分压器；（b）I 型有源 NPC；（c）T 型共集电极；（d）T 型共发射极

2.1.2　三电平 DC/AC 几种 NPC 拓扑比较

图 2 - 3（a）中，I 型带电容分压器的 NPC 可以避免直接与直流侧中点连接，进而降低共模漏电流。图 2 - 3（b）中，I 型有源 NPC 采用有源钳位方法，将传统典型 NPC 结构中的钳位二极管改成了带反并联二极管的有源开关管，控制更加灵活，增加了续流回路，提高了系统控制自由度，但是控制方法相对复杂。图 2 - 3（c）代表 T 型拓扑结构，另外 T 型拓扑结构中，用具有反向阻断能力的新型功率开关管 RB - IGBT 代替反向串联的开关管，可以降低损耗、提高逆变效率并且减少电源转换装置体积，其拓扑结构如图 2 - 4 所示。

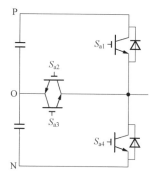

图 2 - 4　具有反向阻断能力
RB - IGBT 的 T 型拓扑结构

T 型与 I 型差异主要如下：

（1）耐压方面，理论上 I 型电路优于 T 型电路，从实际应用角度分析，二者相差不大。

（2）损耗方面，当开关频率小于 20kHz 时，T 字型要优于 I 型。

（3）元件数量方面，T 字型少两个二极管。

（4）控制时序方面，I 型需先关断外管，再关断内管，防止母线电压加在内管上导致损坏，T 型则无时序要求。

（5）换流路径方面，I 型拓扑的换流路径分为短换流路径与长换流路径，当用分立模块时，必须注意其杂散电感与电压尖峰问题；T 型拓扑的外管与内管之间的转换路径一致，只有一个换流回路，具体换流路径如图 2 - 5 所示。

2.1.3　飞跨电容式与典型 NPC 比较

与典型 NPC 三电平拓扑结构比较，飞跨电容式拓扑的优点是：①克服了使用太多二极管的问题；②具有多种组合的开关方式，这些开关组合方式可以用来平衡电容上的电压；③飞跨电容的存在使得输出电压的谐波畸变率和开关器件的 dU/dt 相对较小，而且开关器件处于阻断情况下电压也比较均衡。飞跨电容式拓扑的缺点是：①需要大量的钳位电解电容，系统体积大，不便于系统集成；②频繁充放电使得钳位电容寿命短，可靠性差。

NPC 三电平拓扑与飞跨电容式拓扑的对比结果见表 2 - 1。

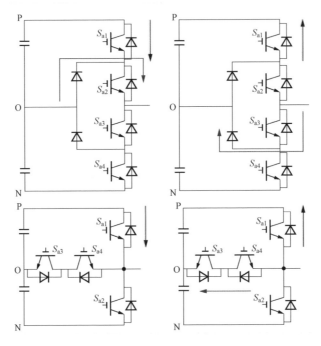

图 2-5　Ⅰ型与 T 型换流路径

表 2-1　　　　　　　　NPC 三电平拓扑与飞跨电容式拓扑的对比结果

拓扑结构	NPC	飞跨电容式	拓扑结构	NPC	飞跨电容式
每相开关管个数	4	4	损耗分布	不平均	平均
每相钳位二极管数	2	0	可靠性	高	低
每相电容个数	0	1			

2.1.4　混合钳位式与典型 NPC 比较

相对于典型 NPC 拓扑来说，混合钳位式增加了钳位电容，使得每个桥臂的第二、三功率管不能同时导通。否则会导致钳位电容短路，从而零电平的获得便会出现两种状态，也就是说每一个桥臂的开关状态由原来的三个增加到四个；另外其电压空间矢量增至 64 种，增加了系统控制灵活性与复杂性。

2.1.5　改进 T 型电路

综合各种因素考虑，选用 T 字型结构更佳。但是传统的 T 型电路存在以下问题，①共模滤波回路没有和差模滤波回路解耦，共模滤波器谐振频率较高，易发生谐振；②采用空间矢量脉宽调制（Space Vector Pulse Width Modulation, SVP-WM）算法时，中线上会通过较大的零序电流，增加系统损耗。

采用一种基于共模和差模滤波器解耦的结构方案：将 LCL 滤波电容分为并联的两部分，仅将其中容值较小的滤波电容公共点引回直流侧电容中点，以降低共模和差模滤波回路之间的耦合程度，便于两者分别进行独立设计，如图 2-6 所示。该拓扑结构不影响 LCL 滤波器的滤波效果，共模滤波回路的电容可以取的较小，从而提高回路阻抗，减小了中线电流，降低了损耗，提高了共模回路的谐振频率，避开了易发生谐振的频段。

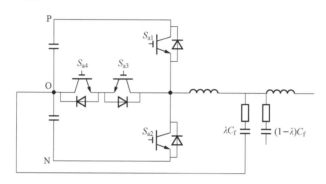

图 2-6　基于共模和差模滤波器解耦结构的拓扑图

2.1.6　中点电位平衡控制

三电平 DC/AC 拓扑存在固有的中点电位不平衡问题，大致分为两类：其一是中点电位的波动，会在输出电压中引入低次谐波，从而降低输出电能质量；其二是中点电位的偏移，从长时间尺度看，会造成直流侧上下电容电压不均等，使得输出电压波形畸变，严重情况下甚至会由于电容电压过高而导致直流侧电容以及开关器件的损坏。

为抑制中点电位不平衡，需先解决中点电位偏移问题，再对中点电位的波动大小进行控制，中点电位平衡控制主要有硬件控制和软件控制两种。

1. 硬件控制

图 2-7 所示为一种中点电位平衡电路，与普通电路相比，增加了 S_{a3}，该电路能够有效抑制中点电位偏移。硬件控制虽然较为准确和容易实现，但需要在电路中附加大量的器件，增加了电路复杂度与成本。

2. 软件控制

采用软件实现中点电位平衡控制，如平衡因子法。基于 SVPWM 调制算法，

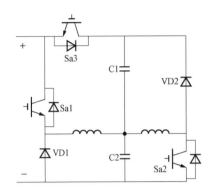

图 2-7　中点电位平衡电路主电路

通过改变冗余小矢量的作用时间分配，进而实现中点电位平衡控制。采用 SPWM 调制算法，比如应用滞环控制的特定谐波消除调制（Specific Harmonic Elimination PWM，SHEPWM）控制中点平衡的方法、基于零序分量注入的载波 PWM 方法等。其中注入零序分量方法直接从调制波的角度出发，利用注入的零序分量对中点电位的影响，计算在一个载波周期内达到中点电位平衡所需的零序分量，通过注入零序分量的方法实现中点电位的平衡，该方法不需要矢量分区以及计算矢量作用时间，易于工程实现。基于模型预测控制的 T 型三电平逆变器控制方法，通过建立特定的性能指标函数，选择最优的开关状态作用于逆变器，省去了传统的调制步骤，仅使用预测控制器，控制灵活，易于数字化实现，但是该方法需要极高的预测精度。

2.2　三电平 DC/DC 电源转换

与 DC/AC 类似，DC/DC 电平数是指 DC/DC 的输出电压（整流/滤波回路前）对母线中点 N 的电压等级的相电压。以二极管钳位典型全桥 DC/DC 为例，若只有 $\pm U/2$，则是两电平，其线电压为 0、$\pm U$；若只有 0、$\pm U/2$，则是三电平，其线电压为 0、$\pm U/2$、$\pm U$，其主电路拓扑及输出电压波形（滤波回路前）如图 2-8 所示，多电平原理与 DC/AC 类似，不再赘述。由于次级整流滤波回路均相同或类似，因此本节中涉及的拓扑结构均省略次级回路（虚线处）。

相对于两电平而言，三电平具有以下主要优点：①谐波含量低，滤波器体积小；②开关损耗小，转换效率高；③输出电压突变台阶大大减小，电压应力小；④装置体积小，功率密度高；⑤易于模块化并联。多电平 DC/DC 虽然谐波含量更低，但电平数越多，其拓扑结构与控制系统就越复杂，因而采用三电平 DC/DC 功率模块，实现功率模块自主并联以构成大容量电源转换，构成功率全覆盖的 DC/DC 电力电子电源转换，是比较合理经济的技术路线。

2.2.1　三电平 DC/DC 拓扑

三电平 DC/DC 拓扑由三电平 DC/AC 拓扑发展而来，目前主要有三种：二极管钳位型、单管型、推挽型。

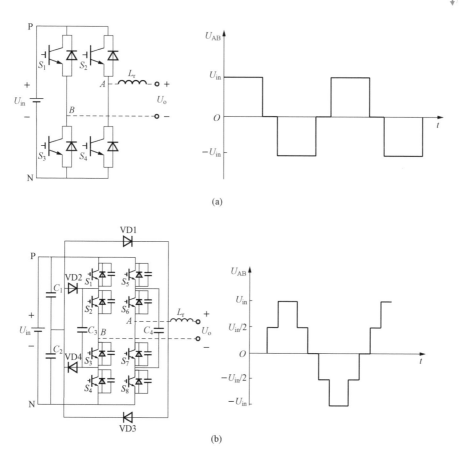

图 2-8　两电平与三电平拓扑及输出电压图

(a) 两电平；(b) 三电平

（1）二极管钳位型：二极管钳位型三电平 DC/DC 电路由前级三电平逆变桥臂、变压环节和后级整流环节组成，由于前级三电平桥臂和二极管钳位型三电平 DC/AC 桥臂结构相同，因此该类型三电平 DC/DC 电路的前级电路既可以由单桥臂组成，也可以由双桥臂组成。

（2）单管型：单管型三电平 DC/DC 电路由功率器件和其他辅助元件组成，无需经过变压器直接给负载供电，功率流可以单向流动也可以双向流动。

（3）推挽型：推挽型三电平 DC/DC 电路由前级三电平直交变换部分、变压环节和后级整流电路组成，各组成部分以推挽方式存在于电路中。

各种拓扑的典型结构如图 2-9 所示。图 2-9（a）中只有两个桥臂采用了开关管，故称为二极管钳位半桥拓扑，而前述图 2-8（b）中四个桥臂均采用了开关管，

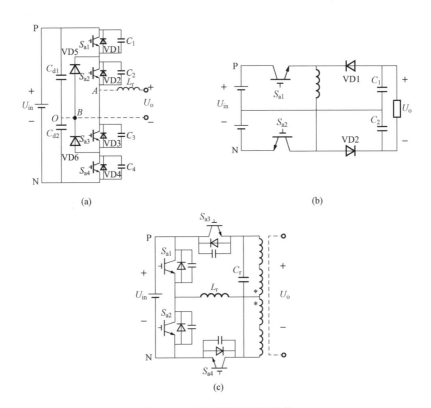

图 2-9　三电平典型拓扑结构

（a）二极管钳位型；（b）单管型；（c）推挽型

故称为二极管钳位全桥拓扑，除此之外，它们的衍生拓扑主要有零电压开关（Zero Voltage Switch，ZVS）PWM 半桥拓扑、零电压零电流开关（Zero Voltage Zero Current Switch，ZVZCS）PWM 半桥拓扑、ZVS PWM 复合式全桥拓扑、ZVZCS PWM 复合式全桥拓扑，分别如图 2-10 所示。

2.2.2　几种二极管钳位型比较

ZVS PWM 半桥拓扑中所有开关管承受的电压应力均为输入直流电压的一半，因此，非常适用于高电压中大功率的应用场合，该拓扑中的超前管（每对开关管的关断时间相对错开，先开断的叫超前管，延迟一段时间再关断的叫滞后管）可以在很宽的负载范围内实现 ZVS，但是滞后管只能利用漏感来实现 ZVS，而且该拓扑输出整流管存在反向恢复造成的电压尖峰和电压震荡的问题。

ZVZCS PWM 半桥拓扑的开关管电压应力也为输入直流电压的一半，能够在很

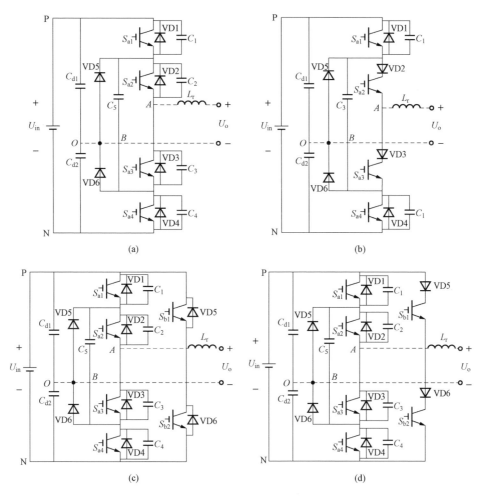

图 2-10　二极管钳位衍生三电平拓扑结构

(a) ZVS PWM 半桥；(b) ZVZCS PWM 半桥；

(c) ZVS PWM 复合式全桥；(d) ZVZCS PWM 复合式全桥

宽的范围内实现超前管的 ZVS，而且不存在 ZVS PWM 半桥拓扑的原边环流，可有效提高变换器的转换效率。

ZVS PWM 复合式全桥拓扑中一个桥臂为三电平桥臂，开关管电压应力为输入电压的一半，可在宽负载范围内实现 ZVS；另一个桥臂为两电平桥臂，开关管电压应力与输入电压相等，利用谐振电感的能力可在较宽负载范围内实现 ZVS；ZVS PWM 的输出整流波形中高频分量较小，可以减小输出滤波器的大小。

ZVZCS PWM 复合式全桥拓扑中一个桥臂为三电平桥臂，其开关管电压应力为输入电压的一半，可在宽负载范围内实现 ZVS；另一个桥臂为两电平桥臂，其开关管电压应与输入电压相等，亦可在宽负载范围内实现 ZCS；输出整流波形中高频分量小，因此可选择较小的输出滤波器，其输入电流近似为直流电流，可大大减小输入滤波器的大小。

二极管钳位型半桥拓扑与全桥拓扑存在如下差异：

（1）电路结构方面，半桥结构简单，全桥结构复杂，但是两者开关管电压应力均仅为输入电压的一半。半桥变压器一次绕组线径更粗，而全桥变压器的一次绕组匝数则更多。

（2）控制方面，相对于半桥拓扑，全桥拓扑中的开关管较多，因此存在多种开关方式，控制更为复杂。

（3）功率输出方面，全桥变压器初级电压幅值为 $\pm U$，而半桥变压器初级电压幅值为 $\pm U/2$，所以全桥的额定输出功率为半桥的两倍，因此，半桥不适合大功率应用场合。

2.2.3　推挽型与二极管钳位型比较

推挽型拓扑可分为 ZVS PWM 推挽型与 ZVZCS PWM 推挽型。

与二极管钳位型比较，推挽型结构简单，通态损耗小，驱动电路简单，但是应用范围较窄，主要应用于低输入电压、中小功率的应用场合中，同时存在开关管电压应力高、容易出现偏磁等问题。

推挽型与二极管钳位型的对比结果见表 2-2。

表 2-2　　　　　　　　　　　　推挽型与二极管钳位型对比

拓扑结构	推挽	半桥	全桥
驱动电路	简单	较复杂	复杂
损耗	小	较大	大
开关管电压应力	输入电压	输入电压一半	输入电压一半
变压器一次侧电压幅值	输入电压	输入电压一半	输入电压
功率范围	几百 W～几 kW	几百 W～几 kW	几百 W～几百 kW

2.2.4　单管型与二极管钳位型比较

单管型拓扑结构有六种，即降压（Buck）、升压（Boost）、升降压（Buck - Boost）、丘克（Cuk）、赛皮克（Sepic）、瑞泰（Zeta）拓扑，相对于二极管钳位型来说，单管型没有电气隔离，结构简单，但不适合应用在输入和输出电压较高的场合，尤其是后四种变换器中，开关管的电压应力为输入电压与输出电压之和。但是单管型采用交错开关方式后，电感电流脉动最大值可以大幅减小，可以拓宽其应用场合，大大减小储能元件如电感、电容的大小，从而改善变换器的动态性能，减小体积重量，提高功率密度。

2.2.5　改进半桥型拓扑

分布式电源功率模块以模组化设计为中心思想，要求 DC/DC 功率模块可适用于光伏、储能、电动汽车等应用场景，并且要求体积小、功率密度高、易于模块化并联，同时可根据应用场景需求实现能量的双向流动。

综合各种因素考虑，选用改进半桥型三电平 DC/DC 拓扑，如图 2-11 所示，该拓扑无需高频隔离变压器以及次级回路，体积小，整机效率高且功率密度高；且每个开关管电压应力为输入电压的一半，同时该拓扑采用两路半桥并联，使该拓扑适用于高输入电压、大功率的应用场景。

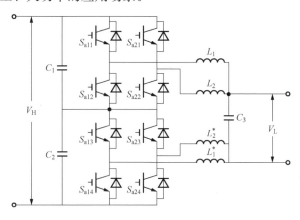

图 2-11　改进半桥型拓扑

2.2.6　中点电位平衡控制

类似于三电平 DC/AC，三电平 DC/DC 也存在中点电位波动的问题。DC/DC 运行时，负载电流流过中点，使两个电容电压分压不均，从而造成中点电位产生波动，中点电位不平衡，将带来以下两个问题：一是将在输出电压中引入低次谐波，使输出电压波形严重畸变，降低输出电能质量；二是将引起功率开关管的受压不均，甚至由于电压过高而损坏直流侧电容以及其他器件。

中点电位不平衡是制约三电平 DC/DC 应用的一个主要因素，解决中点电位不平衡可以从硬件和软件两个途径来实现。

1. 硬件控制

通过改变主电路的方法使中点电位保持平衡，例如采用独立直流电源或加大电容值，但会显著增加设备成本，且增加电路设计复杂度，不具有经济可行性和易实现性，因此，目前研究主要集中在软件控制。

2. 软件控制

根据三电平 DC/DC 的电路特点，在保证两只开关管占空比之和保持不变的条件下，使其中一只开关管占空比增大，另一只开关管占空比减小，可在不影响输出电压的前提下实现电容均压，保证中点电位保持平衡。

针对中点电位波动问题，可采用一种双移相 PWM 复合控制策略，将原来只有单一移相角的移相 PWM 变为具有双移相角的移相 PWM，产生不对称 PWM 控制脉冲来实现中点电位的调节，从而以调制不对称来对中点电位进行调节，且随着负载程度的增加，其调节能力逐渐增强，具有较好的动态性能。

2.3 三电平双向 DC/AC 电源模块

DC/AC 电源功率模块可进行直流电能和交流电能的相互转换，主流功率单元分为 10/20/50kW 三种功率等级，可通过模块化设计实现自由组合与多机并联，以满足不同容量的工程需求，并实现功率匹配与即插即用；通过在模块中植入不同的软件功能，可适用于光伏并网、风机并网、储能变流、电动汽车双向充电、交直流微电网等场景。DC/AC 电源模块采用机架式设计，机箱高度分别为 2U、4U 和 6U（1U＝44.45mm）的标准尺寸，如图 2-12 所示，更大功率如 250kW、500kW 等采用标准柜设计。

图 2-12　10kW、20kW 和 50kW DC/AC 电源模块

2.3.1 功能特点

DC/AC 电源模块适用于储能变流器、光伏变流器、电动汽车充（放）电机、

风机变流器、交直流微电网协调控制器等众多电力电子设备，可根据不同应用场景植入不同应用程序，实现不同的控制需求，进行功率的自由组合，可应用于储能、光伏、电动汽车、微电网等新能源发电领域。

DC/AC 电源模块具有以下特点：

（1）三电平拓扑，谐波含量低。

（2）开关损耗低，整机效率高。

（3）结构体积小，功率密度高。

（4）配置更灵活，易自由组合、自主并联。

（5）支持远方功率调节。

2.3.2　拓扑结构

三种功率等级的 DC/AC 电源模块采用相同的主电路拓扑，如图 2 - 13 所示。主桥臂采用"T"型二极管钳位式三电平拓扑结构，滤波回路采用基于共模差模解耦的输出 LCL 滤波器方案，该方案降低了共模和差模滤波回路之间的耦合程度，便于二者进行独立设计；该拓扑结构有效抑制了共模电压，减小了功率损耗，实现能量的双向流动与直流电能与交流电能的相互转换。

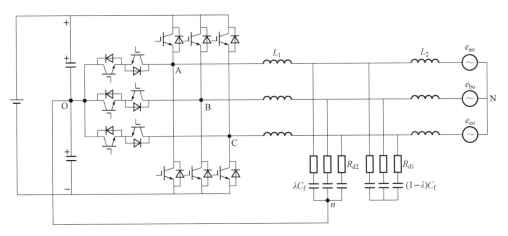

图 2 - 13　主电路拓扑

2.3.3　控制模式

1. PQ 控制

PQ 控制也称恒功率控制，即对分布式电源输出的有功功率和无功功率分别进行控制。该方式通过设定有功功率和无功功率参考值，然后控制分布式电源的实际输出有功功率和无功功率跟踪参考值。PQ 控制适用于交流侧系统的电压和频率都较为稳定的场合，即系统电压和频率由大电网或其他主电源支撑。无论电压和频率在正常范围内如何变化，分布式电源输出的有功功率和无功功率都维持恒定。

2. V/f 控制

V/f 控制也称恒压/恒频控制，即对分布式电源输出的电压和频率进行控制，设定电压和频率的参考值，然后控制分布式电源的实际输出电压和频率等于参考值。V/f 控制的目的是保证分布式电源输出电压和频率恒定，与分布式电源输出的功率大小无关。V/f 控制一般适用于分布式电源需要独立作为主电源（能够提供电压和频率支撑的电源）的场合。

3. Droop 控制

Droop 控制也称下垂控制，即模拟传统发电机组下垂外特性的一种方法。该控制方法一般适用于无通信线的逆变电源多机并联场合。其原理是：各逆变单元通过检测自身输出功率，通过 Droop 控制得到输出电压幅值和频率的参考值，然后各自微调其输出电压幅值和频率，进而实现系统有功功率和无功功率的合理分配。该控制方法也适用于与大电网连接的并网场合，当电网电压和频率发生变化时，各分布式电源可以自动调整输出的有功功率和无功功率，进而参与电网的电压和频率调整。

4. VSG 控制

VSG 控制也称虚拟同步发电机控制，该控制方法除了用于模拟传统发电机组的下垂外特性以外，还模拟同步发电机的惯性和阻尼特性，主要用于参与电网的电压和频率调整。其原理是：逆变单元通过检测电网电压和频率，自动调整输出的有功功率和无功功率，并可以解决常规逆变单元的低惯性问题。

5. V 控制

V 控制也称直流稳压控制，该控制方法可以用于直流侧稳压控制场合，比如光伏发电系统经 DC/DC 变换后的输出侧电压控制，微电网系统中的直流母线电压控制等。

2.3.4 技术指标

DC/AC 电源模块技术指标见表 2 - 3。

表 2 - 3　　　　　　　　　　　　DC/AC 电源模块技术指标

序号	技术指标		技术参数
1	基本参数	额定功率	10 /20/50kW
2		最大功率	11/22/55 kW
3		直流侧电压范围	650～800V
4		最大不损坏开路电压	1000V
6		直流输入路数	1
7	指标参数	最大效率	96.0%/97.0%/98.0%
8		夜间自耗电	<10 W
9		噪声	<65dB
10		冷却方式	风冷
11	环境参数	使用环境温度	−25～+60℃
12		相对湿度	0～90%，无冷凝
13		允许最高海拔	3000m（海拔高度>3000m 时，应降额使用）
14	结构参数	防护等级	IP20
15		隔离方式	非隔离
16		尺寸（宽/高/深 mm）	10kW：445/89/450 20kW：445/177/450 50kW：445/266/450
17		安装方式	机架式
18	通信参数	通信接口	RS485
19		通信规约	Modbus

2.4　三电平双向 DC/DC 电源模块

　　DC/DC 变流器功率模块可进行直流电能的转换，主流功率单元分为 10/20/50kW 三种功率等级，在安装应用和结构外观设计方面和 DC/AC 电源模块采用相同的设计理念：模块化设计，可自由组合，多机并联，满足不同容量的工程需求，实现功率匹配的即插即用；通过在模块中植入不同的软件功能，可适用于储能、光伏、电动汽车、直流微电网等场景，实现不同应用场景的即插即用。机箱高度分别为 2U、4U 和 6U（1U＝44.45mm）的标准尺寸，DC/DC 模块采用机架式设计，

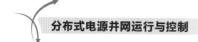

更大功率如 250、500kW 等采用标准柜设计。

2.4.1 功能特点

DC/DC 电源模块适用于储能变流器、光伏变流器、电动汽车用非车载充放电装置、直流变压器等众多电力电子设备，可根据不同应用场景进行功率的自由组合，实现覆盖储能、光伏、电动汽车、微电网等不同新能源发电领域的应用场景。

DC/DC 电源模块的特点如下：

（1）三电平拓扑，功率密度高。

（2）开关损耗低，整机效率高。

（3）配置更灵活，易自由组合、自主并联。

（4）支持远方功率调节。

2.4.2 拓扑结构

三种不同功率等级的 DC/DC 电源模块采用相同的主电路拓扑，如图 2-14 所示，为了增强功率器件的带载能力，采用两个"I"字型不共地式三电平 Buck-Boost 双向变换器并联的方式组成并联三电平结构，U_L 接分布式电源（如：光伏组件，储能电池等），U_H 接后级 DC/AC 或直流电网，根据不同应用场景的实际需求，可工作于 Boost 升压模式或者 Buck 降压模式，实现能量的双向流动，完成不同电压等级直流电能之间的相互转换。

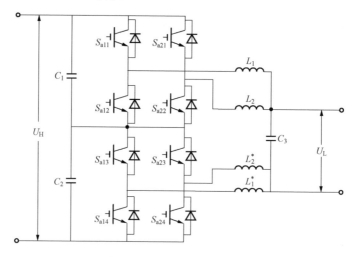

图 2-14 模块主电路拓扑

2.4.3　控制模式

1. P 控制

对于 DC/DC 不存在无功功率控制，但存在有功功率控制，即 P 控制，也称恒功率控制，即对 DC/DC 输出的有功功率进行相应的调节使其达到不同功率输出的目的。设定有功功率给定值，然后将 DC/DC 的实际输出有功功率与给定值经处理后进入 PI 控制，PI 调节器可使偏离给定值的 DC/DC 输出功率（有功功率）快速向给定值逼近，并使输出功率快速稳定。DC/DC 的 P 控制适用于直流侧系统电压较为稳定的应用场景，即系统电压由直流大电网或其他直流主电源支撑，例如直流储能系统、双级式交流储能系统以及直流光伏发电系统和双级式交流光伏发电系统。

2. V 控制

对于 DC/DC，V 控制也称恒压控制，即对 DC/DC 的输出电压（若为双向 DC/DC，则区分为低压侧输出与高压侧输出）进行控制。通过设定输出电压的给定值，然后控制 DC/DC 的实际输出电压与给定值经处理后输入 PI 控制，之后环节与 P 控制原理相同，不再赘述。DC/DC 的 V 控制适用于以下几种应用场景：

（1）DC/DC 做独立电源的应用场景，例如接入直流负载的直流微电网系统。

（2）DC/DC 与 DC/AC 组合的双级系统，例如双级式交流光伏发电系统、双级式交流储能系统或者电动汽车充电系统，此时 DC/DC 的作用为控制内部直流母线电压，而对于双级式交流储能系统与电动汽车充电系统来说，DC/DC 模块又可控制电池侧电压稳定。

3. I 控制

对于 DC/DC，I 控制也称恒流控制，即对 DC/DC 的输出电流进行控制，若为双向 DC/DC，则为输出或输入电流，通过设定输出电流的给定值，然后控制 DC/DC 的实际输出电流与给定值经处理后输入 PI 控制，之后环节与 V 控制原理相同，不再赘述。DC/DC 的 I 控制适用于以下几种应用场景：

（1）并网直流系统，DC/DC 的作用为控制充电侧电流。

（2）DC/DC 与 DC/AC 组合的双级系统，例如双级式交流储能变流器或者电动汽车充电系统，此时 DC/DC 的作用也为控制电池侧电流。

需要注意的是，无论是 P 控制、V 控制，还是 I 控制，都不是拘泥于上述应用场景的，有些应用场景甚至需要同时用到三种控制，例如双级式交流储能系统在进行恒功率充电＋恒压充电＋恒流充电时，同时用到 P 控制、V 控制和 I 控制。

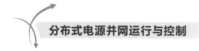

2.4.4 技术指标

DC/DC 电源模块技术指标见表 2 - 4。

表 2 - 4 DC/DC 电源模块技术指标

序号	技术指标		技术参数
1	基本参数	额定功率	10 /20/50kW
2		最大功率	11/22/55kW
3		直流低压侧电压范围	250～800V
4		最大不损坏开路电压	1000V
5		直流高压侧电压范围	650～750V
6		直流输入路数	1
7	指标参数	最大效率	98%
8		夜间自耗电	＜10W
9		噪声	＜65 dB
10		冷却方式	风冷
11	环境参数	使用环境温度	−25～+60℃
12		相对湿度	0～90%，无冷凝
13		允许最高海拔	3000m（海拔高度＞3000m 时，应降额使用）
14	结构参数	防护等级	IP20
15		隔离方式	非隔离
16		尺寸（宽/高/深，mm）	10kW：445/89/450 20kW：445/177/450 50kW：445/266/450
17		安装方式	机架式
18	通信参数	通信接口	RS485
19		通信规约	Modbus

2.5 电力电子电源转换设备

根据分布式电源应用场景的不同，需植入不同的控制程序。将三种不同功率等级的 DC/AC 和 DC/DC 电源模块灵活组合，并以标准屏柜的方式进行机架式安装，形成特定领域的产品，比如光伏逆变器、风机变流器、储能变流器等，如图 2 - 15 所示。

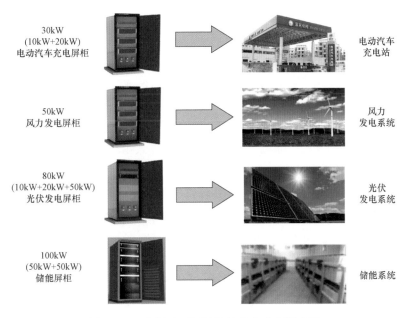

图 2 - 15　应用于不同场景的分布式电源产品

　　将光伏、风电、储能以及电动汽车的变换器统一按照 DC/DC 及 DC/AC 设计，DC/DC 及 DC/AC 属于核心电力电子设备，用于分布式电源接入交流配电网以及由分布式电源构成的微电网系统中，如图 2 - 16 所示，接入交流母线的光伏、储能、电动汽车的电源变换采用双级的 DC/DC＋DC/AC 构成，接入直流母线的光伏、储

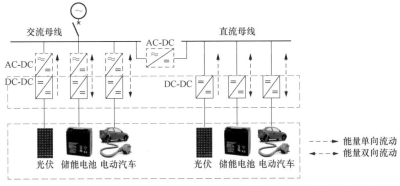

图 2 - 16　DC/AC 与 DC/DC 实现分布式电源构成交直流混合微电网

能、电动汽车的电源变换采用 DC/DC 构成，交流母线与直流母线之间通过 DC/AC 进行协调控制，实现了由 DC/AC 和 DC/DC 两种模块构成交直流混合微电网。

2.5.1　光伏变流器

光伏变流器是光伏发电系统的核心电力电子设备，其主要功能是将光伏板发出的直流电转化为接入电网的交流电或直流电，从功率流的方向性来看，属于单向电源转换设备，根据接入的电网类型不同，分为光伏交流变流器和光伏直流变流器。

1. 光伏交流变流器

光伏交流变流器，又称光伏逆变器，从电能变换的级数来看，光伏交流变流器可以分为单级式和双级式，如图 2-17 所示。单级式由单个 DC/AC 电源模块或多个 DC/AC 电源模块并联组成；双级式由前级 DC/DC 和后级 DC/AC 串联组成，其中前级 DC/DC 部分可由单个 DC/DC 电源模块或多个 DC/DC 电源模块并联组成，后级 DC/AC 部分可由单个 DC/AC 电源模块或多个 DC/AC 电源模块并联组成。其光伏逆变器的主要功能是将太阳能电池板发出的直流电转换为交流电接入交流配电网，具备最大功率点跟踪（Maximum Power Point Tracking，MPPT）、单位功率因数并网、自动并网调压、电能质量治理等功能，同时具备交流防孤岛、漏电流、过/欠压和过/欠频等保护功能。光伏交流变流器器主要应用于分布式交流光伏、交流光伏电站、交流微电网以及交直流混合微电网等场合。

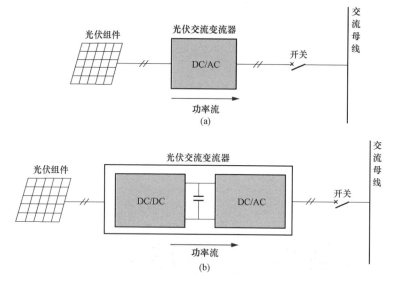

图 2-17　光伏交流并网系统

（a）单级式；（b）双级式

2. 光伏直流变流器

光伏直流变流器由单个 DC/DC 电源模块或多个 DC/DC 电源模块自由灵活并联组成,如图 2 - 18 所示,其主要功能是将太阳能电池板发出的直流电能转换为适应直流电网或直流负荷需求的直流电能。具备 MPPT、自动调压等控制功能,以及直流防孤岛、漏电流、过/欠压和短路等保护功能。光伏直流变流器器主要应用于分布式直流光伏、直流微电网、交直流混合微电网等场合。

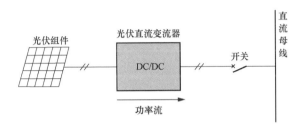

图 2 - 18　光伏直流并网系统

2.5.2　风机变流器

风机变流器是风力发电系统中核心的电力电子设备,根据接入的电网类型不同,可分为风机交流变流器和风机直流变流器。

1. 风机交流变流器

风机交流变流器由前级 AC/DC 和后级 DC/AC 背靠背串联组成,通过直流环节传递能量,前级 AC/DC 可由单个 AC/DC 电源模块或多个 AC/DC 电源模块并联组成;后级 DC/AC 亦可由单个 DC/AC 电源模块或多个 DC/AC 电源模块并联组成。从应用场合的角度上讲,风力交流变流器主要包括双馈式风机变流器和直驱式永磁同步交流风机变流器。

双馈式风机变流器是双馈风力发电系统中核心的电力电子转换设备,如图 2 - 19 所示,其主要功能是通过对双馈风力发电机转子的励磁调节,实现变速恒频并网发电。从功率流的方向性来讲,属于双向电源转换装置:当风机运行在超同步速度时,功率从转子流向电网;当运行在次同步速度时,功率从电网流向转子。机侧 AC/DC 变流器配合浆距调节机构,实现最大风能捕获和定子侧功率因数调节的功能,以提高风力发电系统的发电效率;网侧 DC/AC 变流器主要用于维持直流母线电压恒定和单位功率因数并网。一般双馈型变流器具备过电流、漏电流保护、缺相、接地故障、过/欠压和电网断电等保护功能。

直驱式永磁同步交流风机变流器是直驱永磁同步交流风力发电系统中核心的电

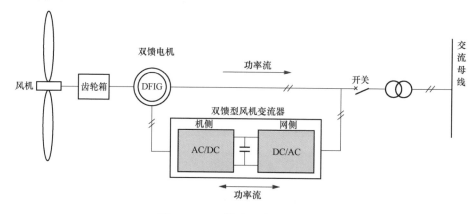

图 2-19　双馈式风力发电系统

力电子转换设备，如图 2-20 所示，其主要功能是将风力发电机发出的不规则交流电转换为规则的交流电，并馈入电网，从功率流的方向性来讲，属于单向电源转换装置。机侧 AC/DC 变流器将电机定子输出的电压、电流幅值和频率不断变化的交流电变换为直流电，实现电机在不同的风速和转速条件下稳定的直流电压输出；而网侧 DC/AC 变流器采用矢量控制方法实现对并入电网的有功功率和无功功率的解耦控制，一方面保持直流母线电压稳定，另一方面将机侧变流器送出的直流电馈入电网，实现全功率变流器的可靠并网。该类型变流器一般具备过电流、漏电流保护、缺相、接地故障、过/欠压和电网断电等保护功能。

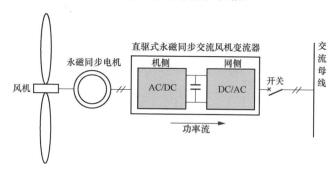

图 2-20　直驱式永磁同步交流风力发电系统

2. 风机直流变流器

风机直流变流器是直驱永磁同步直流风力发电系统中核心的电力电子设备，如图 2-21 所示，由前级 AC/DC 和后级 DC/DC 串联组成，中间直流环节实现能量的传递。前级 AC/DC 可由单个 AC/DC 电源模块或多个 AC/DC 电源模块并联组成；

后级 DC/DC 亦可由单个 DC/DC 电源模块或多个 DC/DC 电源模块并联组成。其主要功能是将永磁同步风力发电机发出的电压、电流幅值和频率不断变化的交流电变换为直流电并馈入电网。从功率流的方向性来看，其属于单向直流电源转换设备。一般具备过电流、缺相、过/欠压和电网断电等保护功能，主要应用于使用直驱同步发电机发电的直流风力发电系统。

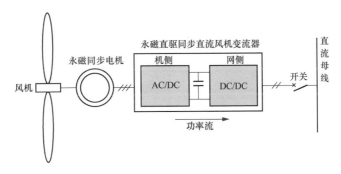

图 2-21 永磁直驱同步直流风力发电系统

2.5.3 储能变流器

储能变流器是储能系统的核心电力电子设备，其主要功能是实现储能设备发出直流电能与电网电能的相互转换，从功率流的方向性来看，属于双向电能转换设备。根据接入的电网类型不同，可分为储能交流变流器和储能直流变流器。

1. 储能交流变流器

储能交流变流器，如图 2-22 所示，从电能变换的级数来看，可以分为单级式和双级式。单级式由单个 DC/AC 电源模块或多个 DC/AC 电源模块并联组成。双级式由前级 DC/DC 和后级 DC/AC 串联组成，其中前级 DC/DC 部分可由单个 DC/DC 电源模块或多个 DC/DC 电源模块并联组成，后级 DC/AC 部分由单个 DC/AC 电源模块或多个 DC/AC 电源模块并联组成。其主要功能是实现储能设备的化学能和交流电能的相互转换，实现削峰填谷、平滑分布式发电出力的功能；储能系统既可以并网运行，也可以离网运行，具备充放电控制、并离网无缝切换、超高速充放电切换等功能，同时具备防孤岛、漏电流、过/欠压和短路等保护功能，主要应用于交流储能、交流微电网、交直流混合微电网等场合。

2. 储能直流变流器

储能直流变流器由单个 DC/DC 电源模块或多个 DC/DC 电源模块灵活并联组成，如图 2-23 所示，其主要功能是实现储能设备的化学能与直流电能的相互转换，既可以并网运行，也可以离网运行，具备自适应充放电控制、预充电、稳定直流母

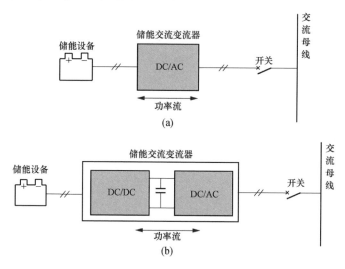

图 2-22 储能交流并网系统

（a）单级式；（b）双级式

线电压等功能，同时具备直流防孤岛、漏电流、过/欠压和短路等保护功能，主要应用于直流储能、直流微电网、交直流混合微电网等场合。

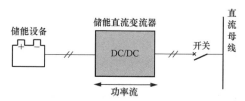

图 2-23 储能直流并网系统

2.5.4 电动汽车充放电机

电动汽车充放电机是电动汽车充放电系统的核心电力电子设备，其主要功能是实现电动汽车车载储能设备的化学能与电能的相互转换，从功率流的方向性来看，属于双向电能转换设备。根据接入的电网类型不同，可分为交流充放电机和直流充放电机。

1. 交流充放电机

交流充放电机，如图 2-24 所示，从电能变换的级数来看，可以分为单级式和双级式。单级式由单个 DC/AC 电源模块或多个 DC/AC 电源模块并联组成；双级式由前级 DC/DC 和后级 DC/AC 串联组成，其中前级 DC/DC 部分可由单个 DC/DC 电源模块或多个 DC/DC 电源模块并联组成，后级 DC/AC 部分由单个 DC/AC 电源模块或多个 DC/AC 电源模块并联组成。其主要功能是实现电动汽车车载储能设备的化学能和交流电能的相互转换，结合电动汽车电池管理系统，采用 V2G 技术，实现电动汽车和电网之间的互动，具备智能充放电控制管理、超高速充放电切换等功能，同时具备漏电流、过/欠压、过/欠频和短路等保护功能，主要应用于电动汽车交流充电系统、交流微电网、交直流混合微电网等场合。

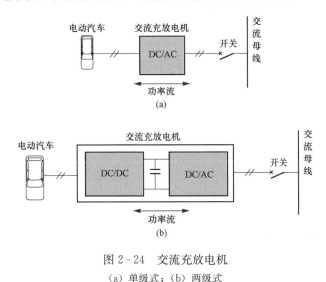

图 2 - 24　交流充放电机

（a）单级式；（b）两级式

2. 直流充放电机

直流充放电机由单个 DC/DC 电源模块或多个 DC/DC 电源模块灵活并联组成，如图 2 - 25 所示，其主要功能是将电动汽车车载储能设备的化学能和直流电能进行相互转换，结合电动汽车电池管理系统，采用先进的控制技术，实现电动汽车和电网之间的互动。直流充放电机具备智能充放电控制管理、超高速充放电切换等功能，同时具备漏电流、过/欠压和短路等保护功能，主要应用于电动汽车直流充电系统、直流微电网、交直流混合微电网等场合。

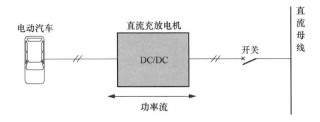

图 2 - 25　直流充放电机

第 3 章

分布式电源并网关键技术

分布式电源具有随机性、间歇性和波动性的特点，属于电力电子电源接入配电网，会对配电网的安全稳定运行有一定的影响。为解决这些问题，需要解决分布式电源的安全并网、孤岛防护、电压与频率异常自动控制、微电网离网运行无缝切换、主动配电网保护控制等关键技术。本章详细介绍了分布式电源并网的关键技术的理论依据、仿真与实验验证及相关的工程应用。

3.1 低频电源注入式主动孤岛检测技术

由于大多分布式电源并网属于用户侧并网，若出力与负荷就近平衡，就会出现孤岛效应问题。如图 3-1 所示，孤岛效应是指当电网的供电断开时，分布式电源继续单独向负载供电，形成一个自给供电的孤岛发电系统。孤岛现象存在以下危害：危及电网线路维护人员和用户的生命安全；干扰电网的正常合闸（非同期合闸）；电网不能控制孤岛中的电压和频率，从而损坏配电设备和用户设备；由于孤岛状态意味着脱离了电力管理部门的监控而独立运行，因而存在不可控的高隐患操作。

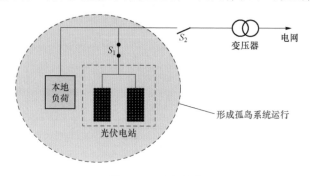

图 3-1 孤岛效应

在分布式电源接入 220V/380V 电压等级的低压配电网时，形成孤岛运行的可能性更大。从用电安全与电能质量考虑，孤岛效应发生时应快速、准确地将 DG 从电网隔离。在光储一体机方式、微电网方式分布式电源应用方面，由 DG 与就地负载组成的微电网已逐渐成为大电网的有益补充，既可以与配电网并网运行，也可以离网运行，为本地负载供电，减少停电带来的损失，提高供电质量和可靠性。微电网运行控制系统需要实现并网运行模式转为离网运行（即孤岛运行）模式，因此也需要孤岛检测功能。

现有的国际标准中都将孤岛检测提到了非常重要的位置，标准 IEEE Std. 929—2000、UL1741、IEEE 1547 要求所有的并网逆变器必须具有孤岛检测功能，并给出了并网逆变器在电网断电后检测到孤岛效应并将逆变器与电网断开的时间限制。孤岛检测方法分为被动式检测方法和主动式检测方法。被动式检测是检测公共连接点电压的幅值相位、频率以及谐波等电气量的变化量或变化率来判断是否发生孤岛，主要方法包括电压/频率检测法（Voltage/Frequency Detection，VFD）、电压谐波检测法（Harmonics Detection，HD）、电压相位突变检测法（Phase Jump Detection，PJD）等，该类方法简单且对电网无干扰，但存在检测盲区，而且被动式检测相关判据中的阈值难以整定，在缩小孤岛检测盲区与减少误动作方面很难兼顾。主动式检测方法是根据逆变器输出公式 $I = I_{\mathrm{m}}\sin(2\pi ft + \theta)$，通过在逆变器的控制信号中分别加入很小的电流幅值、频率、初始相位三个变量分别对逆变器输出电压、频率、功率主动进行毫秒级的间歇式扰动，当并网运行时，PCC 处电压幅值、相位、频率受电网电压的钳制，扰动不起作用，当电网脱离后，逐步累积的扰动量会把电压幅值、频率逐渐推离正常范围，最终通过被动式电压频率异常判据识别出孤岛，主动孤岛检测方法包括功率扰动法、频率扰动法、相位偏移法、电网阻抗法等。相比被动式检测方法，该类方法检测盲区较小，检测精度较高，但由于引入了扰动量，对逆变器的输出产生了不良影响，引起电能质量下降；在不同负载性质下，检测结果存在很大差异，严重时甚至失效，当多台逆变器并联运行时，扰动不同步会使检测的准确度大受影响。有研究表明当负荷品质因数为 2.5 时，为了可靠检测出孤岛状态需要加入 ±20% 的有功功率或 ±5% 的无功功率扰动，加入如此巨大的功率扰动将严重影响供电质量。也有采用投切负荷的方法，虽然对系统影响不大，但增加了实现与安装成本，且由于需要人工投入，存在响应速度慢等缺陷。

既能快速准确地检测出孤岛，又不会对配电网电能质量造成破坏，这是对孤岛检测方法的基本要求。因而需要一种不依赖逆变器，不依赖通信，实现分布式电源接入的主动式孤岛检测技术。本章节介绍采用一种外加 20Hz 低频电源注入式主动孤岛检测方法，通过外置小功率的低频电源模块，把相当于零序分量的 20Hz 分量注入 380V 系统，根据孤岛发生前后 20Hz 分量的变化特征识别孤岛。相比其他主动式孤岛检测方法，其不依赖于逆变器本身，且仅选择在一点注入，基本不影响电能质量，不存在多点相互干扰问题，消除了检测盲区，孤岛检测速度快且准确，可以实现分布式电源接入的安全并网。

3.1.1 低频电源注入式主动孤岛检测原理

低频电源注入式主动孤岛检测方法借用了大型发电机注入式定子接地保护设计思想。发电机注入式定子接地保护方案是通过设置在发电机中性点接地变压器二次侧的小功率低频信号源，在发电机定子回路与大地之间注入低频信号，正常运行时信号源不产生电流或产生很小的电流，发电机定子发生接地故障时，信号源产生相应频率的较大接地电流，该方法不受运行工况影响，灵敏度高且无死区，性能优越。根据其设计思路，孤岛检测方案构成如图 3-2 所示，DG 与本地负载 Z_{L1} 经专线接入 380V 系统。图中 QF1 为 10kV 配电变压器 380V 侧总开关，QF2 为 380V 分布式电源馈线开关，QF3 为 380V 用户母线电源侧进线开关，QF4 为分布式电源并网开关，图中虚线框处为检测方案实现回路图。

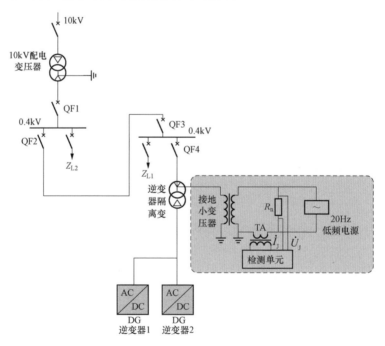

图 3-2　低频电源注入式孤岛检测方案构成示意图

孤岛检测实现方案由单相接地小变压器、20Hz 低频交流电源、检测单元、测量回路构成。接地单相小变压器一次侧接入 DG 逆变器的隔离变压器的高压侧绕组中性点，二次侧接入低频交流电源。当 QF4 合闸分布式电源并网运行时，低频电源通过接地小变压器向 380V 系统注入一定量的低频电压和低频电流，检测单元实时测量由接地变压器和低频电源构成的测量回路中的电压和电流。当 QF1（或 QF2 和 QF3）断开发生孤岛效应时，检测单元根据孤岛发生前后低频电压和低频电流测量值的变化特征识别出孤岛效应。

20Hz 电流通过逆变器隔离变压器的高压侧绕组中性点注入 380V 系统，具有零序电流性质。图 3 - 3 为孤岛检测方案的零序等效电路图。

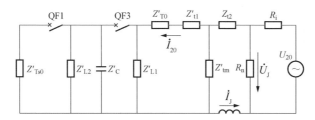

图 3 - 3　低频电源注入式孤岛检测方案零序等效电路图

图 3 - 3 中，R_i 为低频电源内阻；R_n 为外置单相接地变压器二次侧并联电阻，通过该电阻可测量 20Hz 电压 $\dot{U}_J$，其阻值选择需考虑低频电源内阻 R_i、向系统中注入低频电压的大小对电能质量影响以及限制检测回路不平衡电流等几个因素，一般为几个欧姆；R_i 为低频电源内阻；Z'_{t1}、Z_{t2}、Z'_{tm} 分别为单相接地变压器的一、二次绕组漏抗和励磁阻抗；Z'_{T0} 为隔离变压器零序阻抗；Z'_{L1}、Z'_{L2} 为支路负荷零序阻抗；Z'_C 为 380V 线路对地电容容抗；Z'_{Ts0} 为 10kV 配电变压器零序阻抗，各参数均为 20Hz 下折算到接地单相小变压器二次侧的值。

相比其他参数，励磁阻抗和负荷零序阻抗数值很大，对孤岛检测影响不大，为便于分析将零序等效电路图进一步简化，如图 3 - 4 所示。

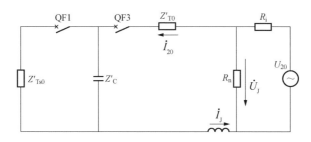

图 3 - 4　简化零序等效电路图

设低频电源电压幅值为 E，当 QF1、QF3 合闸运行时，检测单元测量的 20Hz

电压、电流幅值为

$$U_J = \frac{(Z'_{Ts0} /\!/ Z'_C + Z'_{T0}) /\!/ R_n}{(Z'_{Ts0} /\!/ Z'_C + Z'_{T0}) /\!/ R_n + R_i} \times E \qquad (3-1)$$

$$I_J = \frac{U_J}{Z'_{Ts0} /\!/ Z'_C + Z'_{T0}} \qquad (3-2)$$

由于 380V 系统为直接接地系统，系统正常运行时电缆的容性电流非常小，可以忽略，因此式（3-1）、式（3-2）可简化为

$$U_J = \frac{(Z'_{Ts0} + Z'_{T0}) /\!/ R_n}{(Z'_{Ts0} + Z'_{T0}) /\!/ R_n + R_i} \times E \qquad (3-3)$$

$$I_J = \frac{U_J}{Z'_{Ts0} + Z'_{T0}} \qquad (3-4)$$

当 QF1 断开发生孤岛效应时，380V 系统变为不接地系统，此时检测单元测量的 20Hz 电压、电流幅值为

$$U'_J = \frac{(Z'_C + Z'_{T0}) /\!/ R_n}{(Z'_C + Z'_{T0}) /\!/ R_n + R_i} \times E \qquad (3-5)$$

$$I'_J = \frac{U_J}{Z'_C + Z'_{T0}} \qquad (3-6)$$

由于 $Z'_C \gg R_n \gg Z'_{Ts0}$，由式（3-3）、式（3-5）可得孤岛效应发生前 20Hz 电压测量值 U_J 远小于孤岛效应发生后 20Hz 电压测量值 U'_J；同理，由式（3-4）、式（3-6）可得孤岛效应发生前 20Hz 电流测量值 I_J 远大于孤岛效应发生后 20Hz 电流测量值 I'_J。

3.1.2 回路参数设计及电能质量影响分析

回路设计主要参数包括注入信号频率 f_d、低频电源模块容量 S_d 及额定输出电压 E、单相接地变压器变比以及其二次侧并联电阻 R_n，这几个参数相互关联，需从孤岛检测的灵敏性、快速性以及减低对电网电能质量影响等几个方面综合考虑。

1. 注入信号频率选择

注入信号频率选择的前提条件是低于 50Hz 系统频率且电网不会自主产生频率，以消除电网中 50Hz 电压电流以及其他高次谐波成分对测量回路的影响。

一方面，注入信号频率 f_d 决定了孤岛检测的判别速度。低频电流、电压的计算需要一个信号周期 T_d 的实时采样数据，$T_d = 1/f_d$，从考虑保护采样时间的角度来讲，频率越低导致保护采样时间越长，从而影响孤岛检测的速动性。

另一方面，图 3-4 中逆变器隔离变零序阻抗 Z'_{T0}、10kV 配电变压器零序阻抗 Z'_{Ts0}、380V 线路对地容抗 Z'_C 均与注入信号频率 f_d 有关，且要求 $Z'_C \gg Z'_{Ts0}$。频率低使得变压器零序阻抗 Z'_{T0}、Z'_{Ts0} 小，对地容抗 Z'_C 大，可减小低频电流在回路中产生

的压降以及低频电流通过对地电容的分流，在电源注入功率确定的条件下可提高注入效率，提高孤岛检测的灵敏度。

再从电能质量方面考虑，如图 3-4 所示，正常运行时，由隔离变中性点注入的低频分量在 QF1 引入的低频零序分量 U_{20} 为

$$U_{20} = \frac{Z'_{Ts0} \,/\!/\, Z'_C}{Z'_{Ts0} \,/\!/\, Z'_C + Z'_{T0}} \times U_J = \kappa E \qquad (3-7)$$

式中，κ 为电压增益系数，为

$$\kappa = \frac{Z'_{Ts0} \,/\!/\, Z'_C}{Z'_{Ts0} \,/\!/\, Z'_C + Z'_{T0}} \times \frac{(Z'_{Ts0} \,/\!/\, Z'_C + Z'_{T0}) \,/\!/\, R_n}{(Z'_{Ts0} \,/\!/\, Z'_C + Z'_{T0}) \,/\!/\, R_n + R_i} \qquad (3-8)$$

由式（3-8）可知，f_d 的选择会对电能质量产生影响。

由 $Z'_C \gg Z'_{Ts0}$ 可得

$$\frac{1}{j2\pi f_d C'} \gg j2\pi f_d X'_{Ts0} \qquad (3-9)$$

式中，C' 为 380V 电缆线路对地电容；X'_{Ts0} 为 10kV 配电变压器零序电抗，则可知

$$f_d \ll \frac{1}{2\pi \sqrt{C' X'_{Ts0}}} \qquad (3-10)$$

令 $f_r = \dfrac{1}{2\pi \sqrt{C' X'_{Ts0}}}$ 为系统自然频率，根据经验值设 $C' = 1\mu F$，$X'_{Ts0} = 0.2\Omega$，则 f_r 约等于 360Hz，因要求注入信号频率 $f_d \ll f_r$，可以取 $f_d = \dfrac{f_r}{10}$。

需要注意的是，外加 20Hz 电源注入原理已在大型发电机定子接地保护中得到应用。相比 380V 系统，其应用环境更加恶劣，其 20Hz 电源模块的可靠性、低频电流电压的测量与计算方法已得到工程考验，可以借鉴，这也是选择注入电源的频率为 20Hz 的原因。

2. 低频电源模块参数选择

向 380V 系统中注入的 20Hz 分量呈零序电流性质，在 A、B、C 三相中均匀流动，理论上会对电能质量造成影响，其影响大小取决于注入 20Hz 分量的大小。低频电源模块参数包括容量 S_d、内阻 R_i、额定输出电压 E 等，和单相接地变压器变比以及其二次侧并联电阻 R_n 统一考虑。

外置低频电源模块容量选择以孤岛发生前，检测回路中 20Hz 电压、电流测量精度能满足判别要求为原则，尽量减少对电能质量的影响。在正常运行时，考虑到逆变器隔离变压器中性点不平衡电压较小，图 3-2 中检测单元 TA 不会流过较大的工频电流，不存在 TA 饱和现象，所以该 TA 可选择 0.2S 级的高精度电流变换器，实现毫安级电流的精确测量，从而为减少 20Hz 注入分量创造条件。从电能质量方

面考虑，正常运行时，由孤岛检测引入的低频零序造成的供电电压偏差可以表示为

$$\eta = \frac{U_{20}}{U_n} \qquad (3-11)$$

式中，U_n 为 380V 电压额定值。GB/T 12325—2008《电能质量　供电电压偏差》规定不超过 $\pm 7\%$，由此可以确定低频电源模块额定输出电压的依据为

$$E < \frac{\eta U_n}{\kappa_{(f_d)}} \qquad (3-12)$$

此外，由 20Hz 分量注入对总谐波失真（Total Harmonic Distortion，THD）的影响可以表示为

$$\lambda = \frac{U_{20}}{\sqrt{U_n^2 + U_{20}^2}} \qquad (3-13)$$

在不考虑背景谐波的情况下，依据 GB/T 14549—1993《电能质量　公用电网谐波》规定，要求总谐波失真小于 5%，则

$$U_{20} \leqslant \frac{\lambda}{\sqrt{1-\lambda^2}} U_n \qquad (3-14)$$

因此，要求低频电源模块额定输出电压的幅值满足

$$E \leqslant \frac{\lambda}{\kappa} \frac{1}{\sqrt{1-\lambda^2}} U_n \qquad (3-15)$$

单相接地变压器变比以及其二次侧并联电阻 R_n 的选择同样由孤岛检测的灵敏度和电能质量共同决定，另外，还要考虑正常运行时，隔离变压器中性点不平衡电压在检测回路中形成的工频不平衡电流对孤岛检测的干扰。

由前述 $Z'_C \gg R_n \gg Z'_{Ts0}$，可以选择 R_n 为 Z'_C 和 Z'_{Ts0} 的几何平均数

$$R_n = \sqrt{Z'_C Z'_{Ts0}} \qquad (3-16)$$

此外，由式（3-8）可得

$$\kappa \approx \frac{R_n Z'_C}{(Z'_C + Z'_{T0} + R_i) R_n + R_i (Z'_C + Z'_{T0})} \qquad (3-17)$$

可见，R_n 值大，κ 值小，也就是在确定注入频率 f_d 和额定输出电压 E 的情况下，较大的 R_n 值有利于降低对电能质量的影响，同时有助于限制检测回路中的工频不平衡电流，提高孤岛检测的精确性。

3.1.3　检测判据

孤岛识别判据采用绝对值幅值比较式孤岛检测判据，根据孤岛发生前后 20Hz 电压测量值 U_J、20Hz 电流测量值 I_J 的变化特征，采用绝对值幅值比较原理，动作方程为

$$|\dot{U}_{\mathrm{J}} \times \dot{I}'_{\mathrm{J}}| > k|\dot{U}'_{\mathrm{J}} \times \dot{I}_{\mathrm{J}}| \tag{3-18}$$

式（3-18）中，$\dot{U}_{\mathrm{J}}$ 为当前时刻电压测量支路得到的测量值，$\dot{U}'_{\mathrm{J}}$ 为前一 ΔT 时刻电压测量支路得到的测量值；$\dot{I}_{\mathrm{J}}$ 为当前时刻电流测量支路得到的测量值，$\dot{I}'_{\mathrm{J}}$ 为前一 ΔT 时刻电流测量支路得到的测量值；k 为制动系数，$k \gg 1$。当图 3-2 中 QF1 合闸分布式电源并网运行时，20Hz 电压测量值 $\dot{U}_{\mathrm{J}}$、$\dot{U}'_{\mathrm{J}}$ 和电流测量值 $\dot{I}_{\mathrm{J}}$、$\dot{I}'_{\mathrm{J}}$ 基本相等，动作量 $|\dot{U}_{\mathrm{J}} \times \dot{I}'_{\mathrm{J}}|$ 远远小于制动量 $k|\dot{U}'_{\mathrm{J}} \times \dot{I}_{\mathrm{J}}|$；若 QF1 断开，根据前述的分析结论，动作方程 $|\dot{U}_{\mathrm{J}} \times \dot{I}'_{\mathrm{J}}| > k|\dot{U}'_{\mathrm{J}} \times \dot{I}_{\mathrm{J}}|$ 满足，判别出分布式电源处于孤岛运行状态。式中，20Hz 低频分量的计算借鉴发电机外加 20Hz 电源注入式定子接地保护，采用傅立叶算法，以 10Hz 作为基准频率，通过提取 10Hz 分量的二次谐波分量来完成 20Hz 电压、电流计算。这种方法不仅能有效地提取 20Hz 分量，而且可滤除其他所有 10Hz 的倍频（包括 50Hz 工频）干扰信号。图 3-5 分别为孤岛检测动作特性及判据流程。

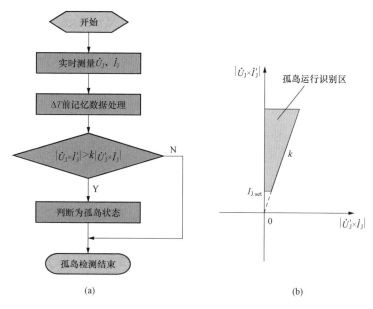

图 3-5　主动式孤岛检测判据
（a）动作特性；（b）程序流程

3.1.4　仿真验证

在 Matlab/Simulink 环境下，仿真模型系统根据图 3-2、图 3-3 搭建，如图

3-6 所示。根据 3.1.2 节的分析，仿真验证选择各元件参数：三相电网电压为 380V/50Hz，20Hz 电源模块容量 S_d 为 30W、输出电压 E 为 15V，低频电源内阻 R_i 为 30Ω；单相接地变压器二次侧并联电阻 R_n 为 6Ω，单相接地小变压器变比为 220/36，逆变器额定功率 10kW，并联 RLC 负载有功功率 10kW、无功功率 80var。

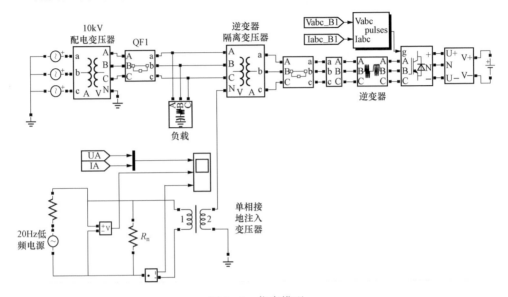

图 3-6 仿真模型

图 3-7 为仿真结果。在并网运行时由于 10kV 配电变压器零序阻抗 Z'_{Ts0} 远小于并联电阻 R_n，20Hz 测量电压很小，该值经单相接地小变压器升压后也小于 2% 的额定相电压，20Hz 测量电流较大约 0.5A，所以注入 380V 系统的 20Hz 低频分量对电能质量基本没影响，系统电压电流波形很好。0.1s 时刻 QF1 断开，分布式电源及其就地负荷进行孤岛运行状态。由于 10kV 配电变零序阻抗被切离，孤岛运行时 20Hz 测量电压变大，约为 2.5V，20Hz 测量电流为电容电流，数值极小。仿真结果验证了 3.1.1 节中的理论分析结果。

3.1.5 工程试验

图 3-8 所示为根据该方法开发的分布式电源安全并网接口装置，低频电源注入式主动孤岛检测注入回路及实现判据集成在分布式电源并网接口装置中。该并网接口装置集测量、保护、通信、接入控制、开关设备、低频电源等功能为一体，具备主动孤岛检测功能。并网接口装置实现分布式电源并网点处设备的集成化、简约化，满足国家发布的分布式电源并网相关标准规范以及国家电网公司关于分布式电

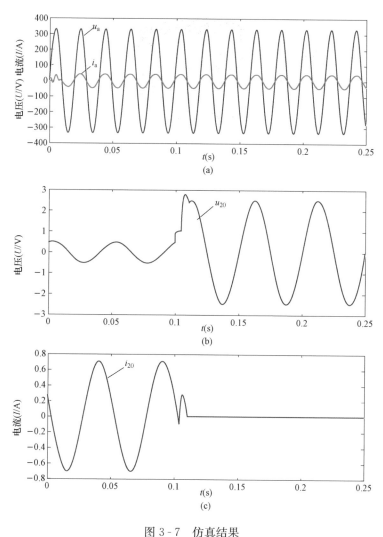

图 3-7　仿真结果

（a）380V 系统电压电流；（b）20Hz 测量电压；（c）20Hz 测量电流

源并网点装置的要求。

　　分布式光伏发电装机容量 15kW、接入 380V 供电系统的小型屋顶分布式光伏并网点，该小型光伏电站采用图 3-8 所示的并网接口装置并网。逆变器额定功率为 15kW，实验时光伏直流输入电压 499.75V，直流输入电流 19.99A，直流侧输入功率约 10kW。低频信号注入前、后电压总谐波失真值、电流总谐波失真值变化很小，见表 3-1，说明本孤岛检测方案由于低频信号注入量小，对系统电能质量的影响可

图 3-8　并网接口装置

以忽略。

表 3-1　　　　　　　　　　注入前后 A 相总谐波失真值比较

注入状态	A 相电压总谐波失真值（％）	A 相电流总谐波失真值（％）
注入前	3.168	4.891
注入后	3.484	5.241

图 3-9 所示为在该并网点的并网接口装置动作实录波形。由于实际注入的 20Hz 分量很小，为便于示意，图中 20Hz 电压测量值 $\dot{U}_J$、电流测量值 $\dot{I}_J$ 图形比例均进行放大处理。实验时断开相当于图 3-2 中 QF3 的分布式光伏并网点上级 380V

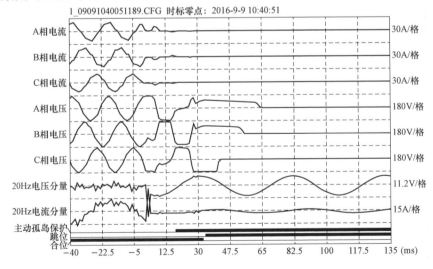

图 3-9　低频电源注入式主动孤岛检测动作实录波形

断路器，装置约 20ms 后即快速识别出孤岛并发出跳闸指令，约 20ms 后分布式光伏并网点断路器（相当于图 3 - 2 中的 QF4）跳开，由合位状态变为跳位状态，将并网逆变器从电网隔离。

3.2　自动过电压/功率（U/P）控制技术

分布式电源接入配电网时，为尽可能提高其渗透率，提出分布式电源接入总容量与系统总负荷之比，即渗透率的技术要求。由于配电网结构复杂，环网联络节点较多，造成分布式电源接入渗透率不高，因此需要分布式电源适应配电网的状况适当调整，以便提高分布式电源接入的渗透率。当分布式电源接入配电网后，传统配电网的潮流分布会发生改变甚至导致潮流方向相反。分布式电源的合理分布，将对接入点稳态电压会有一定程度的改善。分布式电源无约束大规模接入以及负荷的多变性可能引起较大的电压偏差和波动，甚至出现电压越限现象，最终导致逆变器因过电压而退出运行，从而无法保证分布式电源的正常接入，降低了分布式电源的渗透率。本节介绍采用自动过电压/功率（U/P）控制技术，解决分布式电源输出有功过多引起的过电压问题。

3.2.1　分布式电源接入过电压分析

1. 分布式电源接入配电网过电压分析

图 3 - 10 所示为多个光伏 DG 接入配电网后的典型电压分布。为便于分析，鉴于配电网电压等级较低以及线路较短，此处忽略了线路对地电容等因素，只考虑线路自阻抗，线路初始端电压为额定电压 U_N。其中，线路上一共有 n 个用户负荷，$P_k + jQ_k$ 代表第 k 个用户负荷的有功功率和无功功率。$R_k + jX_k$ 代表第 k 段馈线阻抗。PV_k 代表第 k 个光伏 DG，其容量为 P_{Vk}。ΔU_k 为第 k 段馈线阻抗上的压降。

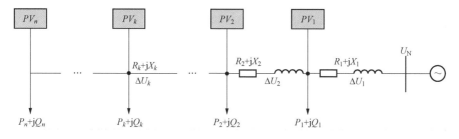

图 3 - 10　多个光伏 DG 接入配电网后的典型电压分布

假设所有 n 个光伏 DG 都接入配电网，因线路电抗 X_k 小，暂忽略无功功率的影响，则电压降 ΔU_k 的计算见式（3-19）。

$$\Delta U_k = U_k - U_{k-1} = -\frac{R_k \sum\limits_{j=k}^{n}(P_j - P_{Vj})}{U_{k-1}} \tag{3-19}$$

PV_k 接入点的电压 U_k 为

$$U_k = U_N - \sum\limits_{i=1}^{k}\left(\frac{R_i \sum\limits_{j=i}^{n}(P_j - P_{Vj})}{U_{i-1}}\right) \tag{3-20}$$

由式（3-20）可知，U_k 的大小与线路阻抗、光伏 DG 出力、接入位置以及线路初始端电压 U_N 有关。式（3-20）中，若 $\sum\limits_{j=k}^{n}P_{Vj} > \sum\limits_{j=k}^{n}P_j$，即光伏 DG 总容量大于总负荷功率时，则 $U_k > U_N$；若光伏容量过大，则 U_k 会超过配电网电压偏差所允许的上限值 U_{max}，导致逆变器因电压异常退出运行，从而降低了光伏 DG 接入配电网的渗透率。

2. 光伏 DG 在微电网离网运行时过电压分析

图 3-11 为光伏 DG 在微电网离网运行时的等效电路图，$E\angle\delta$ 为逆变器的开路电压，$\dot{I}$ 为逆变器的输出电流，$U_N\angle 0$ 为微电网主电源电压，由于在低压微电网中，线路电阻 R 较大，暂忽略感抗 X 的影响。

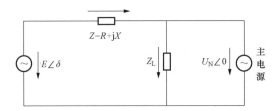

图 3-11　光伏 DG 在微电网离网运行等效电路图

图 3-11 可得逆变器输出电流 $\dot{I}$ 的表达式为

$$\dot{I} = \frac{E\angle\delta - U_N\angle 0}{R} = \frac{E}{R}\angle\delta - \frac{U}{R} \tag{3-21}$$

则逆变器的输出复功率 $\overline{S}$ 为

$$\overline{S} = \dot{U}_N \dot{I}* = P + jQ \tag{3-22}$$

由式（3-21）和式（3-22）可得有功功率 P 和无功功率 Q 的表达式：

$$P = \frac{U_N}{R}(E - U_N) \tag{3-23}$$

$$Q = \frac{U_N}{R}(-\delta E) \tag{3-24}$$

由式（3-23）可知，电压 E 随着 P 的增加而升高。

与光伏 DG 接入配电网原理基本一样，考虑微电网离网运行存在就地负荷的情况，分析光伏 DG 电压公式，暂忽略无功功率的影响，其实际潮流分布如图 3-12 所示。

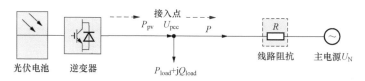

图 3-12　含光伏 DG 的离网微电网线路图

图 3-12 中，假定光伏逆变器以单位功率因数运行，只发出有功功率 P_{pv}，其有功功率指令 P_{ref} 由 MPPT 控制器实时计算给定，则

$$P_{pv} = P_{load} + P \tag{3-25}$$

因光伏出力 P_{pv}、负荷 P_{load} 引起的接入点电压 U_{pcc} 变化的关系见表 3-2。

表 3-2　　　　　　　　　光伏出力、负荷引起的接入点电压变化

P_{pv} 与 P_{load} 关系	U_{pcc} 变化情况
$P_{pv} < P_{load}$	$U_{pcc} = U_N - \dfrac{\lvert P \rvert R}{U_{pcc}}$
$P_{pv} > P_{load}$	$U_{pcc} = U_N + \dfrac{\lvert P \rvert R}{U_{pcc}}$ 若 P_{pv} 不变、$P_{load}\downarrow$，则 $P\uparrow$，$U_{pcc}\uparrow$ 若 P_{load} 不变，$P_{pv}\uparrow$，则 $P\uparrow$，$U_{pcc}\uparrow$

（1）当 $P_{pv} < P_{load}$ 时，光伏 DG 和主电源同时向负荷供电，则 $U_{pcc} < U_N$，此时不但不会产生过电压，而且对 U_{pcc} 还有一定程度的改善。

（2）当 $P_{pv} > P_{load}$ 时，表明光伏发电大于负载消耗，则 $U_{pcc} > U_N$，此时接入点电压高于额定电压；亦即在光伏发电突然增加或负载突然减小引起 $P_{pv} > P_{load}$ 时，可能会引起过电压。

3.2.2　过电压/功率（U/P）控制

针对光伏 DG 接入配电网、微电网离网运行可能造成的过电压问题，光伏逆变器采用 U/P 下垂调节方法以抑制过电压。

图 3-13 表示 U/P 下垂调节区间及控制折线，P_{limit} 为参考功率限值，P_{ref} 为参考功率，U_{pcc} 为光伏 DG 接入点电压，k_u 为下垂调节系数。

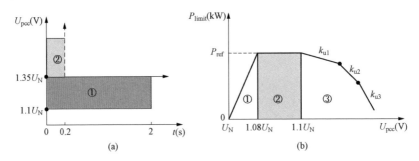

图 3-13　U/P 下垂调节控制折线及区间

（a）U/P 调节区间；（b）U/P 调节折线

图 3-13（a）中，横轴为时间 t，纵轴为 U_{pcc}，①和②都为 P/U 下垂调节时间区间。

图 3-13（b）中，横轴为 U_{pcc}，纵轴为 P_{limit}，①区间表示正在进行 MPPT 跟踪，②区间表示 MPPT 停止跟踪，③区间表示 U/P 下垂分段调节。

U_{pcc} 与 P_{limit} 关系满足式（3-26）。

$$\begin{cases} P_{limit} = P_{ref}, U_{pcc} \leqslant 1.08U_N \ ① \\ P_{limit} = P_{ref}, 1.08U_N < U_{pcc} < 1.1U_N \ ② \\ P_{limit} = P_{ref} - |k_u|\Delta U, U_{pcc} \geqslant 1.1U_N \ ③ \end{cases} \qquad (3-26)$$

其中，$\Delta U = U_{pcc} - 1.1 * U_N$，$k_u$ 为下垂调节系数，对于 k_u 取值说明如下：若取值过大，则光伏 DG 出力变化大，能量损失多，系统稳定性受到影响。若取值过小，则调节速度过慢，逆变器可能在标准要求的异常电压响应时间内不能及时调节到正常范围而导致逆变器保护停机。

图 3-14 为 U/P 调节流程图，$Flag\_CallMppt$ 代表 MPPT 跟踪模块调用标志，$Number$ 代表过压次数。

3.2.3　仿真验证

在 MATLAB/Simulink 仿真平台下，针对图 3-10 的配电网线路，搭建单相并网逆变器的仿真模型。

1. 算例参数

相关仿真参数设置见表 3-3。

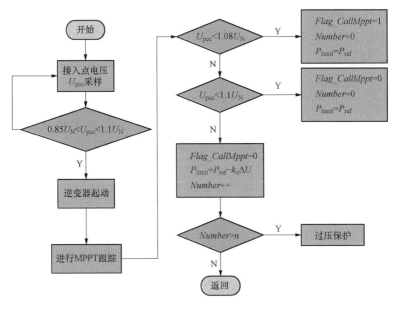

图 3-14　U/P 调节流程图

表 3-3　　　　　　　　　　　　　相关仿真参数表

参数	光伏组件						电网参数		负荷
	开路电压	短路电流	工作电压	工作电流	串联数	并联数	额定电压	线路电阻	
值	22V	5.3A	17.5V	4.9A	12	5	230V	1.5Ω	5kW

主电路仿真模型如图 3-15 所示。

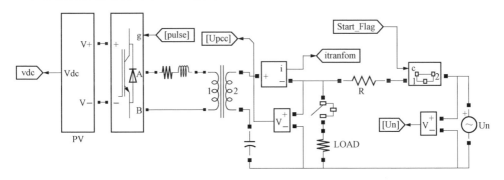

图 3-15　主电路仿真模型

2. 仿真结果

根据式（3-26）的 U/P 调节方法进行仿真分析，波形如图 3-16 所示。

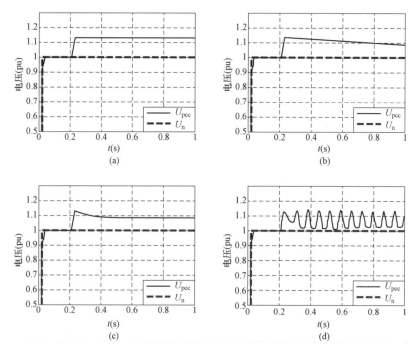

图 3-16　接入点电压 U_{pcc} 与额定电压 U_{n} 波形

(a) 无电压调节；(b) 有电压调节，$k_{\text{u}} = 0.05$；

(c) 有电压调节，$k_{\text{u}} = 0.2$；(d) 有电压调节，$k_{\text{u}} = 2$

光伏 DG 最大功率 P_{pv} 小于负荷功率 P_{load}，仿真过程如下：

（1）0～0.2s：投入负荷，此时 $U_{\text{pcc}} < U_{\text{N}}$；

（2）0.2～1s：切断负荷，此时 $U_{\text{pcc}} > 1.1U_{\text{N}}$，产生了过电压。图 3-16（a）表明无电压调节，U_{pcc} 一直过电压；图 3-16（b）、（c）、（d）表明有电压调节，下垂系数 k_{u} 分别为 0.05、0.2、2，调节时间 Δt 分别为 0.36、0.15、0.02s。

仿真结果表明：U/P 下垂调节方法可行有效，下垂系数 k_{u} 越大，调节时间越短，即调节速度越快；但 k_{u} 过大，系统会发生振荡。

3.2.4　试验验证

实验搭建光伏逆变器样机试验平台，直流侧采用 PV 模拟器，负荷 1 用于功率消耗，负荷 2 用于负荷投切试验，用于模拟过电压现象，如图 3-17 所示。试验主要参数见表 3-4。

表 3-4　试验主要参数

项目	参数值	项目	参数值
PV 侧最大功率	6.6kW	负荷 1	10kW
线路模拟阻抗 R	1Ω、1kW	负荷 2	9kW
主电源电压	230V		

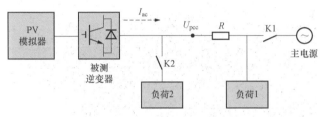

图 3-17　过电压试验

1. 试验工况 1

闭合 K1，K2，逆变器正常工作一段时间后断开 K2，试验波形如图 3-18 所示。

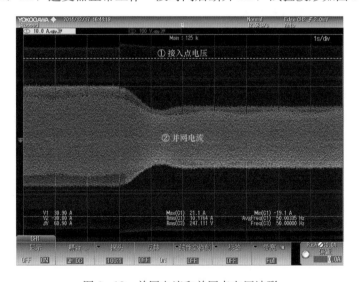

图 3-18　并网电流和并网点电压波形

图 3-18 表明，负荷 2 切除后，$U_{pcc} = 256V$，发生了过电压现象，逆变器进行下垂调节，大致 1s 后，$U_{pcc} = 251V$，满足标准要求的正常范围，逆变器继续并网运行。

2. 试验工况 2

闭合 K1，K2，逆变器正常工作一段时间后断开 K2，大致 40s 后闭合 K2，并网电流波形如图 3-19 所示。

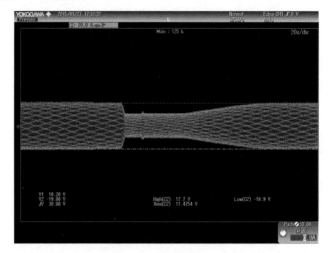

图 3-19 并网电流波形

图 3-19 表明，负荷 2 再次投入后，逆变器进行 U/P 下垂调节，恢复 *MPPT*
跟踪，大致 25s 后功率达到最大。

3.3 自动过频率/功率 （f/P） 控制技术

分布式电源接入配电网，采用 P/Q 控制模式，频率是电网频率，由于配电网
的同步发电机组的总惯量（J）大，系统频率不会变化很大，系统频率变化由电网
调节（虚拟同步发电机特性的分布式电源除外）。

考虑微电网离网运行，需要实时保持微电网的离网能量平衡，但 DG 的特性是
最大能力的多发电，DG 采用最大功率点跟踪技术，最大能力地把直流电转换成交
流电，在电池充满的情况下，即 SOC 过高情况下，多余的电能不能储存，负荷又
消耗不掉，这时会造成电能过多，失去能量平衡，引起过电压、过频率，从而造成
微电网离网时失去能量平衡而崩溃。这就需要限制调节 DG 出力，采用自动过频
率/功率（f/P）控制技术，以保持离网能量平衡。

按照 GB/T 15945—1995《电力系统频率允许偏差》电能质量要求，正常电网
频率允许偏差±0.2Hz，设置 DG 限额开始频率 f_{s1}＝50.2Hz，限额终止频率 f_{s2}＝
50.3Hz，为 f_H 下限值，f_H 上限 f_{max}＝51Hz，微电网离网运行时 DG 出力按照图 3-
20 所示的 f/P 折线控制运行，DG 控制方式采用常用的 P/Q 控制。

（1）最大频率跟踪运行：$f \leqslant f_{s1}$，DG 发出的电能不会过多，不会引起过电压，

DG 保持 MPPT 运行。

（2）保持当前的功率运行：$f_{s1} < f \leqslant f_{s2}$，DG 发出的电能已经超出负荷的消耗，但还没有超出主储能调节能力，还不至于引起过电压，在这一阶段，DG 运行于直线 1，停止 MPPT 功能，以不超过 f_{s1} 时的功率 P_0 输出，采取 f/P 平行直线控制运行。

（3）限制功率运行：$f_{s2} < f \leqslant f_{max}$，DG 发出的电能已经超出负荷的消耗，并且超出主储能设置的调节能力，若不限

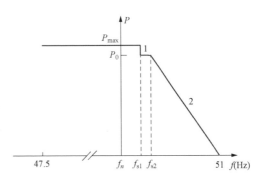

图 3 - 20　分布式电源的 f/P 折线控制

制 DG 功率输出，将引起过电压，在这一阶段，DG 运行于折线 2，停止 MPPT 功能，采取 f/P 下垂折线控制运行；DG 逆变器按照式（3 - 27）调节功率输出。

$$\begin{cases} P = P_0 + m\Delta f \\ \Delta f = f - f_{s2} \end{cases} \tag{3 - 27}$$

式中，m 为折线斜率。

（4）停止功率输出：$f > 51\mathrm{Hz}$，DG 发出的电能已经超出负荷的消耗，SOC 过高，并且超出主储能的调节能力上限，若不停止分布式电源功率输出，将引起过电压，引起系统崩溃，在这一阶段，分布式电源停止功率输出，也就是常规的分布式电源孤岛保护。

3.4　预同步并网控制技术

在微电网离网运行状态下，当配电网电源恢复正常，或计划性孤岛恢复时，需要微电网从离网恢复到并网运行。由于离网运行时的电压与配电网电压存在相角差及频差，若不进行同步控制而直接合闸并网，那么较小的电压差和相位差加在很小的连接阻抗上，就会出现较大的冲击电流。较大的合闸冲击电流会造成主储能过电流保护动作而停机，整个微电网“黑掉”。因此并网恢复时应先进行预同期判定，当同期角度小于定值时再并网恢复，尽量减少并网恢复瞬间的合闸冲击，实现并离网的“平滑”切换。

3.4.1　幅值和相位预同步原理

设三相系统电压为：

$$\begin{bmatrix} u_{a(t)} \\ u_{b(t)} \\ u_{c(t)} \end{bmatrix} = U * \begin{bmatrix} \cos(\omega t) \\ \cos(\omega t - 2\pi/3) \\ \cos(\omega t + 2\pi/3) \end{bmatrix} \qquad (3 - 28)$$

式中，$\omega = 2\pi f = 100\pi$，$f = 50\text{Hz}$，ω 为电网工频角频率，U 为电压幅值。

采用软件锁相技术（Software PLL，SPLL）和同步旋转坐标变换来检测相位信息，在波形畸变、相位突变等条件下具有良好的抗干扰能力。图 3 - 21 中，三相电压 U_{ABC} 经 dq 坐标变换后得到：

$$\begin{bmatrix} u_d \\ u_q \end{bmatrix} = U * \begin{bmatrix} \cos(\omega t - \theta) \\ \sin(\omega t - \theta) \end{bmatrix} \qquad (3 - 29)$$

式（3 - 29）中，U 为三相电压幅值，θ 是软件锁相环的输出。在未锁定的情况下，d 轴和 q 轴分量为交流分量，在锁定的情况下，即 $\omega t = \theta$，$u_d = U$，$u_q = 0$。因此通过控制 q 轴分量 u_q 为 0，既可实现锁相目的，进而可以获取电网电压相位 ωt 信息。

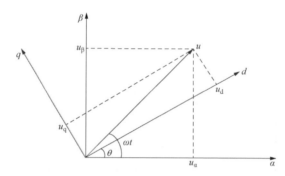

图 3 - 21　$\alpha\beta$ 坐标与 dq 坐标下的电压矢量图

在预同步并网时，系统两侧电压需满足三个要素：幅值相等；频率相等；相位相等。由于相位的实时同步就意味着频率已锁定。因此，要想实现两侧电压完全同步，必须实现两侧电压幅值和相位的同步。

图 3 - 22 是微电网离网运行下主储能 V/f 控制框图，其瞬时值电压经过 dq 变换后得到 U_{dMG}、U_{qMG}，其参考值分别为 311 和 0，其差值送入 PI 调节器，以实现无差跟踪，即 $U_{dMG} = 311\text{V}$，$U_{qMG} = 0$，则此时微电网系统电压相位就完全等于 θ_{MG}，因此对微电网实际电压相位的调节就是对 θ_{MG} 的调节。

要实现微电网系统预同步，根据 θ_{MG} 与电网电压相位 θ_g 的差值，对 θ_{MG} 按照一定步长进行逐步逼近调节；同时根据 U_{dMG} 与电网电压幅值 U_{dg} 的差值，对 U_{dMG} 按照一定步长进行逐步逼近调节。当幅值和相位差值都在允许范围内时，将电网侧电压幅值 U_{dMG} 赋予微电网参考电压幅值，将相位 θ_g 直接送入坐标变换环节，即此时微电网按照电网电压的幅值和相位在离网 V/f 运行，最终保证系统两侧电压幅值和相位完全一致。

式（3-30）～式（3-32）代表幅值和相位逐步逼近算法的实现原理。

$$\begin{cases} \theta'_{MG} = \theta_{MG} - step_{\theta} * sign \\ \theta_{MG} = \theta'_{MG} \\ \Delta\theta = \theta'_{MG} - \theta_{g} \end{cases} \tag{3-30}$$

$$\begin{cases} U'_{dMG} = U_{dMG} - step_{U} * sign \\ U_{dMG} = U'_{dMG} \\ \Delta U = U'_{dMG} - U_{dg} \end{cases} \tag{3-31}$$

$$sign = \begin{cases} 1, \Delta\theta > 0 \text{ or } \Delta U > 0 \\ -1, \Delta\theta < 0 \text{ or } \Delta U < 0 \\ 0, \Delta\theta = 0 \text{ or } \Delta U = 0 \end{cases} \tag{3-32}$$

式（3-30）～式（3-32）中各变量含义见表 3-5。

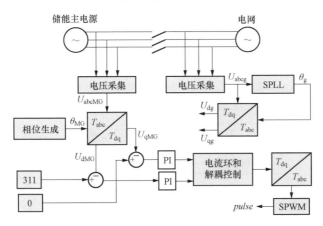

图 3-22　离网下 V/f 控制框图

表 3-5　　　　　　　　　　　变　量　含　义

变量	含义	变量	含义
θ_{MG}	调节前 MG 侧电压相位	$step_{\theta}$	相位调节步长
θ'_{MG}	调节后 MG 侧相位更新值	$step_{U}$	电压幅值调节步长
θ_{g}	电网侧电压相位	$\Delta\theta$	相位差
U_{dMG}	MG 侧电压幅值	ΔU	电压幅值差
U'_{dMG}	实时更新的电压幅值	$sign$	符号变量
U_{dg}	电网侧电压幅值		

具体调节过程如下：当 $\Delta\theta > 0$，则微电网系统电压超前电网侧电压，$sign = 1$，此时按照 $step_\theta$ 逐步减小微电网电压相位；当 $\Delta\theta < 0$，则微电网系统电压滞后电网侧电压，$sign = -1$，此时按照 $step_\theta$ 逐步增加微电网电压相位；当 $\Delta\theta = 0$，则两侧电压相位相同，$sign = 0$，不进行逼近调节。同理，电压幅值调节过程与相位调节过程一样。

图 3-23 为基于电压幅值和相位逐步逼近的控制框图；图 3-24 为基于幅值和相位逐步逼近算法的流程图。

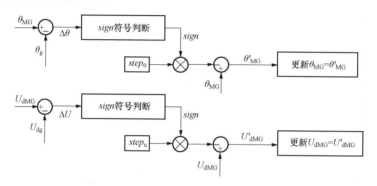

图 3-23 幅值和相位逐步逼近的控制框图

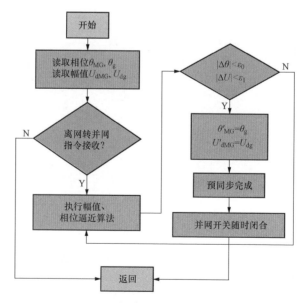

图 3-24 基于幅值和相位逐步逼近算法的流程图

3.4.2 仿真验证

在 MATLAB/Simulink 仿真平台下，搭建系统仿真模型，直流侧采用直流电压源，微电网系统采用 V/f 控制方式离网运行。算例参数见表 3-6。

表 3-6　　　　　　　　　　　　主 要 参 数

项目	参数值	项目	参数值
直流源电压（V）	600	MG 参考幅值（V）	311
设定初始相位差 $\Delta\theta$（弧度）	$\pi/6$、π	相位步长 $step_\theta$（弧度）	0.01
初始并网开关状态	断开	幅值步长 $step_U$（V）	1

1. 相位逼近

设定微电网系统电压幅值参考值 U_{dMG} 与电网电压幅值 U_{dg} 相等，即 $U_{dMG} = U_{dg} = 311V$；仅执行相位逐步逼近算法，仿真结果如图 3-25 和图 3-26 所示。

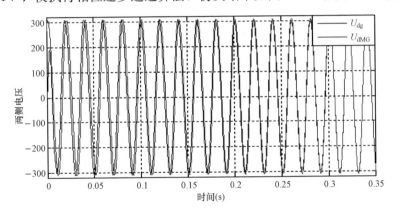

图 3-25　基于相位逐步逼近的两侧系统电压波形

图 3-25 中，当仿真时间为 0.1s 时开始进行相位逼近调节，大约在 0.3s 时相位保持同步。

图 3-26 对 $\Delta\theta$ 分别设置为 $\dfrac{\pi}{6}$ 和 π，并对其调节效果进行了对比，图 3-26 表明，$\Delta\theta$ 越大，相位逼近算法的调节时间就越长。

2. 幅值逼近

设置电网幅值 $U_{dg} = 330V$，微电网系统侧电压幅值参考值 311V，两侧电压初始相位差 $\Delta\theta = 0$，仅执行幅值逼近算法，仿真结果如图 3-27 所示。图 3-27 中，

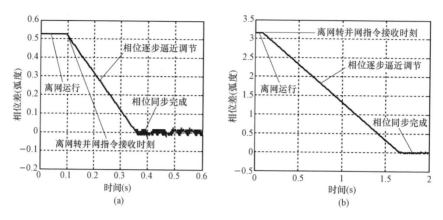

图 3-26　基于相位逐步逼近的相位差图

（a）调节前设置 $\Delta\theta = \dfrac{\pi}{6}$；（b）调节前设置 $\Delta\theta = \pi$

当仿真时间为 0.1s 时开始进行幅值逼近调节，大约在 0.3s 时幅值保持一致。

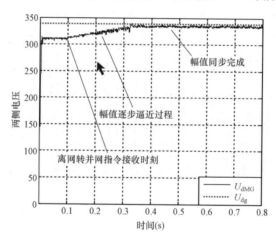

图 3-27　基于幅值逐步逼近的 d 轴电压分量图

3.4.3　试验验证

试验系统如图 3-28 所示，电网侧采用模拟电网，K1 代表并网开关，光伏逆变器直流侧采用 PV 模拟器，储能变流器采用两级式拓扑，前级接蓄电池，具体试验参数见表 3-7。

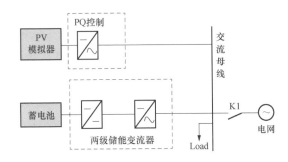

图 3-28 微电网试验平台

表 3-7　　　　　　　　　　　　　主要试验参数

项目	参数值	项目	参数值
光伏逆变器功率	5kW	相位调节步长 $step_\theta$	0.02（弧度）
主电源电压有效值	140V	幅值调节步长 $step_U$	4V
模拟电网电压有效值	85V	Load	10kW

　　储能变流器离网转并网的试验结果如图 3-29 所示。储能变流器初始采用 V/f 控制方式离网运行，K1 断开，当接收到离网转并网指令时开始进行预同步控制，主电源侧电压和相位开始调节，其波动较小，同步完成后，K1 闭合，储能变流器进入并网状态，实现了离网转并网的平滑无冲击切换。

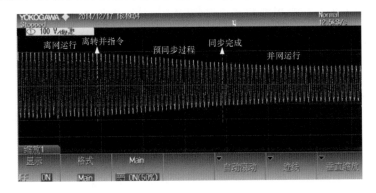

图 3-29　离网转并网的微网侧母线电压

3.5　自趋优虚拟同步发电机技术

　　传统的光伏逆变器、储能变流器在并网运行时，都是工作在 P/Q 模式，不参与电网的调频及调压。在 DG 接入容量小、渗透率低时，可以依靠配电网提供稳定的电压及频率。但在 DG 接入容量大、渗透率高时，过多无惯性的分布式电源会对配电网稳定运行造成影响。采用虚拟同步发电机控制技术，使逆变器从外特性上和机理上都具备同步发电机的良好特性，从而主动参与电网调节，可以有效提升并网稳定域，并提高分布式电源接入的渗透率。

设计制造好的同步发电机，不能改变其转动惯量和阻尼，因此传统同步发电机的转动惯量和阻尼是固定不变的。分布式电源如果都按传统同步发电机设计成固定的转动惯量和阻尼，众多的分布式电源都有固定的转动惯量，系统总的转动惯量会更大，从而会造成系统动态响应时间过慢；众多的分布式电源都有固定的阻尼，系统总的阻尼会更大，会造成系统暂态过程过长。

本书介绍了一种采用自趋优虚拟同步发电机技术，充分利用电力电子电源柔性可控的特点，使其既具有同步发电机技术的转动惯量和阻尼，而参与电网调节，又可以改变传统同步发电机转动惯量和阻尼固定不变的缺点。在电压频率扰动较大时，转动惯量和阻尼增大，在电压频率扰动小时，转动惯量和阻尼变小，也就是转动惯量和阻尼大小随频率扰动大小自适应变化。即：当系统频率偏差较大时，具有转动惯量的 DG 使配电网系统整个转动惯量加大，使系统频率变化趋于平缓；具有阻尼的 DG 加大配电网系统的阻尼，使系统频率变化时暂态过程变短。在微电网应用中，具有惯性的 DG 在微电网离网运行时，使微电网离网运行的转动惯量加大作用更加明显，更能大大提高微电网离网运行的稳定性。实现分布式电源友好并网、微电网即插即用接入，满足分布式电源高渗透率接入的要求。

3.5.1 虚拟同步发电机技术

传统的电力电子电源并网运行时，工作在 P/Q 模式，电网频率是由大电网决定的。虚拟同步发电机（Uirtual Synchronas Generator，VSG）是电力电子电源并网运行时模拟传统同步发电机，具有高阻抗、大惯性、自同步特性，将该特性植入到分布式电源的控制策略中，使其外特性等同于同步发电机，从而参与电网的调频及调压。

变流器与同步发电机的等效关系如图 3-30 所示，变流器拓扑模拟传统的同步发电机特性，其机械方程为

$$\begin{cases} J\dfrac{\mathrm{d}\omega}{\mathrm{d}t} = \dfrac{P'_\mathrm{T} - P_\mathrm{VSG}}{\omega} - D(\omega - \omega_\mathrm{N}) \\ \omega = \dfrac{\mathrm{d}\theta}{\mathrm{d}t} \end{cases}$$

$$(3-33)$$

式中，J 为虚拟发电机的惯性时间常数；P'_T 和 P_VSG 分别为输入虚拟机械功率和虚拟

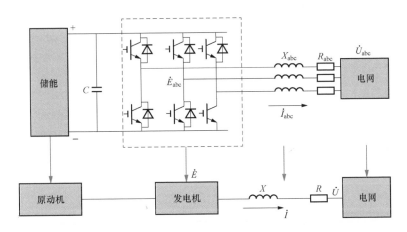

图 3-30 变流器与同步发电机的等效关系

电磁功率；ω 为虚拟同步发电机转子的角速度，ω_N 为电网同步角速度，rad/s；D 为阻尼系数，N·m·s/rad；θ 为电角度，rad。

虚拟同步发电机的电磁方程为：

$$\dot{E}_{abc} = (R_{abc} + jX_{abc})\,\dot{I}_{abc} + \dot{U}_{abc} \qquad (3-34)$$

式中，$\dot{E}_{abc}$ 为变流器桥侧输出电压，等效于同步发电机电动势。$\dot{U}_{abc}$ 为虚拟同步发电机的机端电压。R_{abc} 和 X_{abc} 分别为虚拟同步发电机的同步电阻和同步电抗。虚拟同步发电机具有电压源外特性，既可以并网运行，也可以离网运行，因此在计划孤岛或非计划孤岛时，仍保持并网时的初始状态，实现并网转离网的无缝切换。

3.5.2 自趋优虚拟同步发电机技术

自趋优虚拟同步发电机技术是转动惯量 J 和阻尼系数 D 根据频率波动程度进行自适应变化，以实现参数最优化，即

$$\begin{cases} J = J_0 + k_J * (|f_N - f|) \\ |f_N - f| = \Delta f \end{cases} \qquad (3-35)$$

$$\begin{cases} D = D_0 + k_D * (|f_N - f|) \\ |f_N - f| = \Delta f \end{cases} \qquad (3-36)$$

式中，f_N 为电网额定频率；f 为系统实际频率；k_J 为转动惯量自适应比例常数；k_D 为阻尼自适应比例常数；J_0 为转动惯量初始给定值；D_0 为阻尼初始给定值。

式（3-35）中，转动惯量 J 与 $|\Delta f|$ 成正比，具体含义是：当系统频率波动 $|\Delta f|$ 较大，转动惯量 J 也变大，从而有功功率变化较大，系统频率变化趋于平缓，进而增加对系统频率的支撑作用，进一步提高了系统稳定性；当 $|\Delta f|$ 变化小时，

同样 J 也变小，不会因 J 过大或者过小而导致系统动态响应时间过慢或过快。

式（3-36）中，阻尼 D 与 $|\Delta f|$ 成正比，具体含义是：当系统频率波动 $|\Delta f|$ 较大，阻尼 D 也变大，系统阻尼比变大，暂态过程变短；当 $|\Delta f|$ 变化小时，同样 D 也变小，暂态过程变长，不会因 D 过大或者过小导致系统阻尼过大或过小，而影响系统的暂态过程。

3.6　母线占优混合微电网协调控制技术

微电网可作为配电网的一个可控单元，当微电网与配电网因故障解列后，微电网能够维持自身内部的电能供应直至故障排除，同时可以满足用户对供电质量方面的需求。微电网根据母线的性质分为直流微电网、交流微电网及交直流混合微电网。其中，交直流混合微电网既含有交流母线又含有直流母线，既可以直接向交流负荷供电又可以直接向直流负荷供电，可同时发挥直流微电网和交流微电网的优势。因此既具有交流微电网技术成熟、电能质量高、负荷兼容性好的优点，又兼具直流微电网接口设备投资低、能量利用率高、系统鲁棒性强的优点。交直流混合微电网的供电模式易于整合各种分布式发电，是解决高密度分布式电源接入配电网的有效途径。

3.6.1　母线占优划分

交直流混合微电网的结构如图 3-31 所示，交流微电网和直流微电网间通过一个双向的电力电子装置连接交流母线和直流母线，实现交流微电网和直流微电网的混联，连接交流微电网和直流微电网的电力电子装置为交直流混合微电网潮流控制器（Hybrid Microgrid Flow Conditioner，HMFC），HMFC 由双向 DC/AC 实现混合微电网中直流母线与交流母线电压及潮流的控制，图中 PCS 是由储能变流器构成的能量转换系统（Power Conversion System，PCS）。

交直流混合微电网根据 PCC 接入配电网的不同，分为交流母线占优型、直流母线占优型和自占优型。"交流母线占优型"混合微电网如图 3-31（a）所示，PCC1 点通过交流母线接入交流配电网，HMFC 负责控制直流母线电压的稳定，交流母线相比直流母线占据优势地位，因此称为"交流母线占优型"混合微电网。直流母线占优型混合微电网如图 3-31（b）所示，PCC2 点通过直流母线接入直流配电网，HMFC 负责控制交流母线电压及频率的稳定，直流母线相比交流母线占据优势地位，因此称为"直流母线占优型"混合微电网。考虑未来同时存在交流配电网及直流配电网，故另一种"自占优型"混合微电网如图 3-31（c）所示，其中公

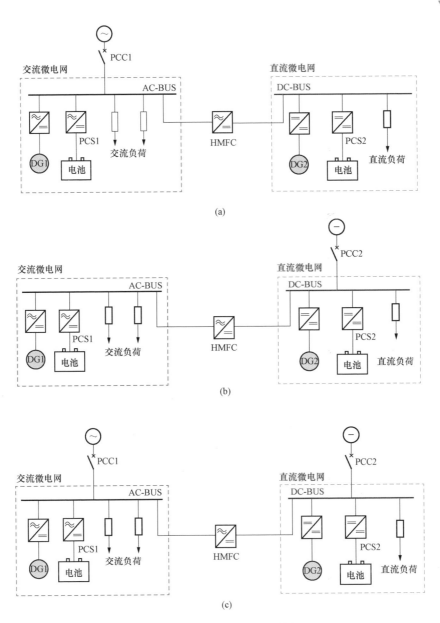

图 3-31　交直流混合微电网结构图

（a）"交流母线占优型"混合微电网结构；（b）"直流母线占优型"

混合微电网结构；（c）"自占优型"混合微电网结构

共连接点既通过 PCC1 接入交流配电网，又通过 PCC2 接入直流配电网，因此此类型混合微电网为"自占优型"混合微电网。

3.6.2 占优控制策略

1. 占优策略

占优策略（Dominant Strategy，DS）是博弈论中的专业术语，是指在所有竞争策略集中存在一个与其他竞争对手可能采取策略无关的最优选择，被称为占优策略，与之相对的其他策略则为劣势策略。

交直流混合微电网存在两个不同电源类型母线，母线控制是交直流混合微电网稳定运行的关键，将博弈论引入交直流混合微电网的模式控制中，交流微电网与直流微电网运行中相互博弈，支撑整个混合微电网稳定运行的母线作为占优方，称为占优母线，另一母线处于从属地位，称为从属母线。占优母线通过 HMFC 控制从属母线，实现交直流混合微电网的稳定运行。

2. 运行模式

交直流混合微电网有并网和离网两种运行模式。并网运行时，"交流母线占优型"混合微电网和"直流母线占优型"混合微电网都是通过唯一的 PCC 点接入配电网，类似于单个微电网的并网运行。而"自占优型"混合微电网有两个 PCC 点接入配电网，HMFC 作为柔性联络开关连接直流微电网和交流微电网，用于微电网间潮流的控制，断开一个 PCC 点等同于"交流母线占优型"或"直流母线占优型"混合微电网的并网运行；离网运行时，断开 PCC 接点，三种类型的交直流混合微电网都相当于一个离网的直流微电网和一个离网的交流微电网并通过 HMFC 连接，如图 3-32 所示。

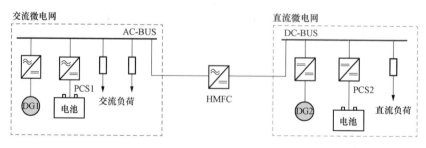

图 3-32　离网运行时的交直流混合微电网结构

当交流微电网与直流微电网全部独立运行时，等同于两个独立的交流微电网与直流微电网，HMFC 无论相对于交流微电网还是相对于直流微电网都可简化为一个 DG，潮流控制接受能量管理系统的调度。

3. 占优准则

交直流混合微电网并网运行时以接入的配电网为占优准则，离网运行时交流微电网与直流微电网既相互竞争又相互备用，通过博弈竞争达到运行模式的最优。运行模式的切换选择是一个随机的多属性决策过程，依据占优准则判断运行模式的占优关系，从而确定占优策略。

离网运行时，交直流混合微电网没有配电网作为无限大容量的电网支撑，需要通过储能系统协调分布式发电与负荷之间的瞬时功率平衡，维持微电网的稳定运行。限于 DG 的随机性，离网运行时微电网能够可靠调度的只有储能（Energy Storage，ES）。类似于汽车的燃油表指示，当汽车要进入一条未知是否有加油站的荒野公路行驶时，燃油表指示将是判断汽车是否能够驶入的关键，因此交直流混合微电网离网运行时应以储能状态为占优准则。

交直流混合微电网中储能的 SOC 反应电量的比例，$SOC=0$ 表示电量为零，$SOC=1$ 表示电池充满；交流微电网 ES 的荷电状态表示为 SOC_{AC}，离网运行时所允许的上限值为 SOC_{AC_H}，下限值为 SOC_{AC_L}；直流微电网 ES 的荷电状态表示为 SOC_{DC}，离网运行时所允许上限值为 SOC_{DC_H}，下限值为 SOC_{DC_L}，离网运行时运行模式切换占优准则需满足式（3-37）的要求。

$$Dom(t)=\begin{cases}M_{AC}(SOC_{DC}<SOC_{DC\_L})\&(SOC_{AC}>SOC_{AC\_L})\\M_{DC}(SOC_{AC}<SOC_{AC\_L})\&(SOC_{DC}>SOC_{DC\_L})\\0\end{cases}\quad(3-37)$$

式（3-37）中，M_{AC} 表示交流母线占优，M_{DC} 表示直流母线占优。混合微电网离网运行时，当 SOC_{DC} 小于 SOC_{DC_L} 且 SOC_{AC} 大于 SOC_{AC_L}，占优策略为 M_{AC}；当 SOC_{AC} 小于 SOC_{AC_L} 且 SOC_{DC} 大于 SOC_{DC_L}，占优策略为 M_{DC}，否则不存在占优策略，混合微电网的运行模式保持不变。

3.6.3　并网运行

1. 交流母线占优型

如图 3-31（a）所示，混合微电网通过 PCC1 接入交流配电网，并网运行时交流配电网提供交流母线电压及频率支撑，HMFC 运行于直流电压源模式（V 控制模式），控制直流母线电压的稳定，交直流微电网间能量流动根据负荷需求及分布式发电出力情况进行自由的功率分配；直流负荷由直流微电网的 DG 及 ES 提供，多余电能由 HMFC 流至交流微电网，不足部分由交流微电网通过 HMFC 提供。

2. 直流母线占优型

如图 3-31（b）所示，混合微电网通过 PCC2 接入直流配电网，并网运行时直流配电网提供直流母线电压支撑，HMFC 运行于交流电压源模式（V/f 控制模式），控制交流母线的电压及频率，交直流微电网间能量流动根据负荷需求及分布式发电出力情况进行自由的分配；交流负荷由交流微电网的 DG 及 ES 提供，多余能量由 HMFC 流至直流微电网，不足部分由直流微电网通过 HMFC 提供。

3. 自占优型

如图 3-31（c）所示，"自占优型"混合微电网有两个 PCC 点，分别通过 PCC1 接入交流配电网，通过 PCC2 接入直流配电网，并网运行时，HMFC 作为柔性联络开关连接直流微电网和交流微电网，HMFC 运行于潮流控制模式（P/Q 控制模式），潮流接受能量管理系统的调度；断开 PCC1，为"直流母线占优型"混合微电网的并网运行，HMFC 切换至 V/f 控制模式，控制交流母线的电压及频率；断开 PCC2，为"交流母线占优型"混合微电网的并网运行，HMFC 切换运行至 V 控制模式，控制直流母线电压的稳定。

3.6.4 离网运行

1. 交流母线占优型

混合微电网并网转离网时，PCS1 工作在 V/f 控制模式，控制交流母线电压和频率，HMFC 工作于 V 控制模式保持不变，稳定直流微电网母线电压，PCS2 保持工作于电流源模式（I 控制模式），提供直流微电网功率支撑，交流微电网与直流微电网间根据负荷需求和分布式发电出力情况进行自由的功率分配，运行模式满足式（3-38）的要求：

$$M_{AC} = \begin{cases} \text{PCS1：V/f 控制模式} \\ \text{HMFC：V 控制模式} \\ \text{PCS2：I 控制模式} \end{cases} \qquad (3-38)$$

式（3-38）体现了"交流母线占优"的分类依据，M_{AC} 是"交流母线占优型"混合微电网离网时的主要模式。

当 PCS1 出现故障或 $SOC_{AC} < SOC_{AC\_L}$，且 PCS2 工作正常和 $SOC_{DC} > SOC_{DC\_L}$，则占优策略切换为 M_{DC}，PCS1 退出运行或切换至 P/Q 控制模式，HMFC 切换至 V/f 控制模式，接管交流母线控制权，PCS2 切换至 V 控制模式，接管直流母线控制权，此种运行模式以直流微电网为支撑，也是"交流母线占优型"混合微电网离网运行的备用模式。

当 PCS2 出现故障或 $SOC_{DC} < SOC_{DC\_L}$，且 PCS1 工作正常和 $SOC_{AC} > SOC_{AC\_L}$，则混合微电网将进行主备恢复，即运行模式由 M_{DC} 切换至 M_{AC}，PCS1 切换至 V/f 控制模式恢复对交流母线的控制权，稳定交流母线电压和频率，HMFC

切换至 V 控制模式，恢复对直流母线电压的控制，PCS2 切换至 I 控制模式，完成"交流母线占优型"混合微电网离网运行时的主备恢复。"交流母线占优型"混合微电网的主备模式切换及主备恢复流程如图 3-33 所示。

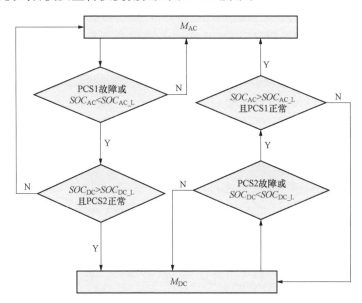

图 3-33　交流母线占优型混合微电网离网运行模式切换

2. 直流母线占优型

混合微电网并网转离网时，PCS2 工作在 V 控制模式，接管直流母线的控制权，HMFC 工作于 V/f 控制模式保持不变，控制交流母线电压及频率，PCS1 工作于 P/Q 控制模式，提供交流微电网的功率支撑，交流微电网与直流微电网间根据负荷侧需求和分布式发电出力情况进行自由的功率分配，运行模式满足公式（3-39）的要求：

$$M_{\mathrm{DC}} = \begin{cases} \mathrm{PCS1:P/Q \ 控制模式} \\ \mathrm{HMFC:V/f \ 控制模式} \\ \mathrm{PCS2:V \ 控制模式} \end{cases} \qquad (3-39)$$

式（3-39）体现了"直流母线占优"的分类依据，M_{DC} 是"直流母线占优型"混合微电网离网时的主要模式。

当 PCS2 出现故障或 $SOC_{\mathrm{DC}} < SOC_{\mathrm{DC\_L}}$，且 PCS1 工作正常和 $SOC_{\mathrm{AC}} > SOC_{\mathrm{AC\_L}}$，则占优策略切换为 M_{AC}，PCS2 退出运行或切换至 I 控制模式，HMFC 切换至 V 控制模式，接管直流母线控制权，PCS1 切换至 V/f 控制模式，接管交流母线控制权，此种运行模式以交流微电网为支撑，也是"直流母线占优型"混合微电网离网运行的备用模式。

当 PCS1 出现故障或 $SOC_{AC} < SOC_{AC\_L}$，且有 PCS2 工作正常和 $SOC_{DC} > SOC_{DC\_L}$，则混合微电网将进行主备恢复，即运行模式由 M_{AC} 切换至 M_{DC}，PCS2 切换至 V 控制模式恢复对直流母线的控制权，HMFC 切换至 V/f 控制模式恢复对交流母线及频率的控制权，PCS1 切换至 P/Q 控制模式，完成"直流母线占优型"混合微电网离网运行时的主备恢复；"直流母线占优型"混合微电网的主备模式切换及主备恢复流程如图 3-34 所示。

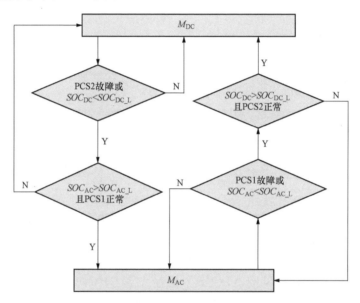

图 3-34　直流母线占优型混合微电网离网运行模式切换

3. 自占优型

两个 PPC 点顺序断开，运行模式将按照断开顺序进行自动占优，体现了"自占优型"的分类依据。若先断开 PCC1，则 HMFC 切换至 V/f 控制模式，稳定交流母线电压及频率，再断开 PCC2 时，与"直流母线占优型"混合微电网的并网转离网流程相同；若先断开 PCC2，则 HMFC 切换至 V 控制模式，控制直流母线电压的稳定，再断开 PCC1 时，与"交流母线占优型"混合微电网并网转离网流程相同。

若两个 PCC 点同时断开，即交流微电网与直流微电网同时转为离网独立运行，则 PCS1 切换至 V/f 控制模式稳定交流母线电压及频率，PCS2 切换至 V 控制模式稳定直流母线电压，HMFC 切换至待机状态接受能量管理系统调度；稳定运行后，HMFC 的运行模式可依据占优准测进行自占优控制或按照能量优化运行控制策略接受能量管理系统的调度来调节 HMFC 的功率流动。

3.6.5 并网恢复

"交流母线占优型"及"直流母线占优型"混合微电网由离网运行到并网恢复时，与单个微电网并网过程相同，HMFC 运行模式不变；由备用模式进行并网恢复时，对于"交流母线占优型"混合微电网，HMFC 由 V/f 控制模式切换至 V 控制模式，控制直流母线电压，PCS2 切换至 I 控制模式，完成并网恢复；对于"直流母线占优型"混合微电网，HMFC 由 V 控制模式切换至 V/f 控制模式，控制交流母线电压及频率，PCS1 恢复至 P/Q 控制模式，完成并网恢复。

"自占优型"混合微电网两个并网点的恢复是逐次进行，当需要恢复第二个并网点时，HMFC 由 V/f 控制模式或 V 控制模式切换至作为柔性联络开关的 P/Q 控制模式。

3.6.6 仿真验证

图 3-35 所示为仿真实验搭建的交直流混合微电网拓扑结构。该结构包括交流微电网系统、直流微电网系统和交直流母线间负责功率交换的混合微电网潮流控制器（HMFC）。其中，交流微电网和直流微电网分别通过两侧公共连接点（AC-PCC 和 DC-PCC，分别对应图 3-31 中 PCC1 和 PCC2）接入外电网。整个交直流混合微电网可以进行交流微电网单独运行、直流微电网单独运行、交直流混合微电网联合运行。仿真实验中，交流微电网母线电压 400V，接感性、阻性、容性负荷，分别为 100kvar、100kW、100kvar，1 号光伏（DC/AC）100kVA，1 号储能（DC/

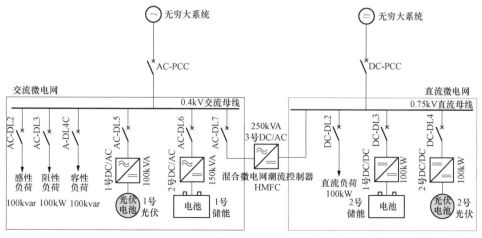

图 3-35 交直流混合微电网拓扑结构

AC）150kVA；直流微电网母线电压750V，接直流负荷100kW，2号储能（DC/DC）100kW，2号光伏（DC/DC）100kV。交流微电网与直流微电网间3号潮流控制器（DC/AC）250kVA。

1. 并网负荷投切实验

"自占优型"混合微电网并网运行模式中交直流双侧均有大电网支撑，本书中不再讨论，而是仅以"交流母线占优型"和"直流母线占优型"混合微电网为例进行说明。表3-8选取的是交直流混合微电网并网运行模式下负荷变化率最大的满负荷投切实验。

表3-8 并网负荷投切实验

项 目	内容
"交流母线占优型"混合微电网直流负荷投切实验（2号储能、2号光伏退出）	100kW→0kW
	0kW→100kW
"直流母线占优型"混合微电网交流负荷投切实验（1号储能、1号光伏退出）	100kW→0kW
	0kW→100kW

交直流混合微电网并网仿真过程如下。

（1）"交流母线占优型"混合微电网：系统在公共连接点DC-PCC断开的工况下启动仿真，直流微电网母线电压由HMFC控制，3s时刻投切直流负荷，仿真共运行6s。

图3-36（a）给出了这一仿真过程中直流母线电压的波形。从图3-36（a）的局部放大图可以看出，3s时刻直流负荷投（切）过程中，直流母线电压会出现暂降（暂升）现象，最大偏差量均在85V左右，超调量为11%，但整个调节过程的调节时间均在3ms内，从两幅图可以看出HMFC的V控制模式可以在直流微电网出现电压波动时，有效地维持直流母线电压稳定。

（2）"直流母线占优型"混合微电网：系统在公共连接点AC-PCC断开的工况下启动仿真，交流微电网母线电压、频率由HMFC控制，3s时刻投切交流负荷，仿真共运行6s。

图3-36（b）所示为上述仿真中交流母线电压与频率波形。从图3-36（b）两组电压波形可以看出，3s时刻投（切）交流负荷时，交流母线电压最大偏差量均为100V，超调量为25%，频率最大偏差量约为3.7 Hz（3Hz），超调量为（7.4%）6%，整个过程所需调节时间均在10 ms左右，结果表明"直流母线占优型"混合微电网中，HMFC的V/f控制模式在交流微电网出现电压、频率的波动时能够迅

速稳定交流母线电压、频率，从而使整个系统快速恢复稳定。

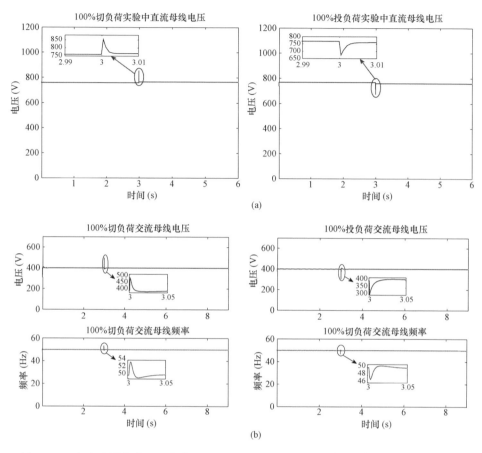

图 3 - 36　交直流混合微电网负荷投切实验中直流母线电压和交流母线电压、频率波形

2. 并离网切换实验

"自占优型"混合微电网并离网切换实验已然包含"交流母线占优型"和"直流母线占优型"两类混合微电网并离网切换内容，不再单独叙述。

交直流混合微电网离网转并网过程根据交直流两侧公共连接点 AC - PCC、DC - PCC 闭合的先后顺序，同样会有三种运行工况，由于在这一过程中，混合微电网有外电网的支撑，系统不会出现明显震荡，关于这一部分也不再分开讨论，仅讨论交直流两侧公共连接点 AC - PCC、DC - PCC 同时闭合的情形。实验运行条件见表 3 - 9。

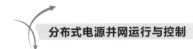

分布式电源并网运行与控制

表 3-9 并离网切换实验中混合微电网初始运行条件

1号光伏	交流负荷	1号储能 +放电；一充电	交直流混合微电网潮流控制器	2号光伏	直流负荷	2号储能 +放电；一充电
100kW	100kVA（功率因数0.6）	−100kW	向直流电网送有功	100kW	100kW	−100kW

"自占优型"混合微电网并离网切换仿真过程为：

（1）仿真开始时为并网运行状态，3s断开交流侧公共连接点AC-PCC，6s断开直流侧公共连接点DC-PCC，9s交流侧与直流侧公共连接点PCC同时闭合，仿真运行15s，仿真波形如图3-37所示。

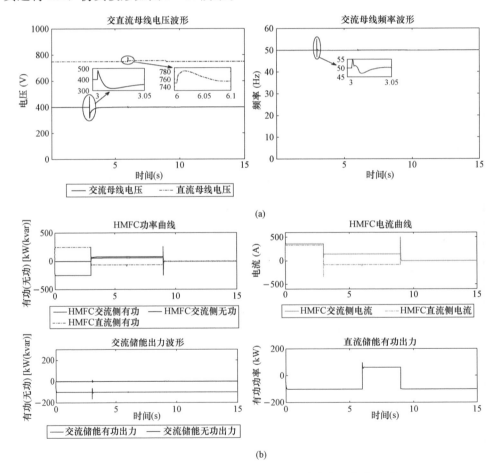

图 3-37 交直流混合微电网并离网切换方案一仿真波形

从图 3 - 37（a）看出，3s 断开 AC - PCC 及 6s 断开 DC - PCC 的过程中，交流母线电压最大偏差量 85V、超调量 21.25%，频率最大偏差量 5Hz，超调 10%，二者的调节时间均在 30ms 左右；直流母线电压最大偏差量为 30V，电压超调量小于 4%，这一波动过程对微电网几乎无影响。9s 时刻同时闭合 AC - PCC 与 DC - PCC，混合微电网由离网转并网，HMFC 与 2 号储能分别由 V/f 控制和 V 控制同时切换为 P/Q（和 P）控制，由于大电网的支撑作用，过渡过程良好。

（2）仿真开始时为并网运行状态，3s 断开直流侧公共连接点 DC - PCC，6s 断开交流侧公共连接点 AC - PCC，9s 交直流两侧公共连接点同时闭合，仿真运行 15s，仿真波形如图 3 - 38 所示。

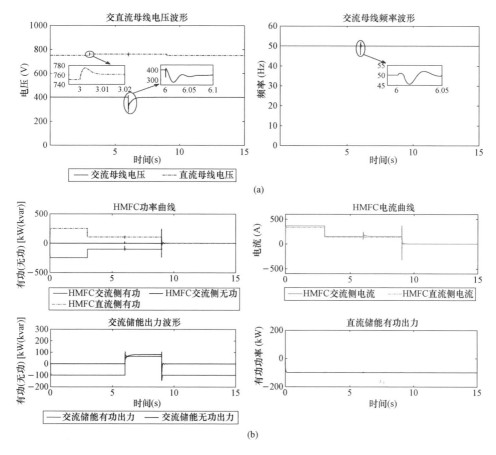

图 3 - 38 混合微电网并离网切换方案二仿真波形

从图 3 - 38（a）可以看出，3s 断开 DC - PCC 和 6s 断开 AC - PCC 过程中，直

流母线电压最大偏差 12V，超调量仅 1.57%，波动影响可忽略；交流母线电压最大偏差 125V，超调量 31.25%、频率最大偏差为 4.5Hz，超调 9%，二者过渡过程的调节时间均在 50ms 内。在 9s 时刻同时闭合 AC - PCC 与 DC - PCC，混合微电网由离网转并网，HMFC 与 1 号储能运行模式分别由 V 控制和 V/f 控制同时切换为 P/Q 控制，同样的在交直流双侧大电网的支撑下，暂态特性良好。

（3）仿真开始时为并网运行状态，3s 同时断开交直流两侧公共连接点 PCC，6s 同时闭合交直流两侧公共连接点，仿真运行 12s，仿真波形如图 3 - 39 所示。

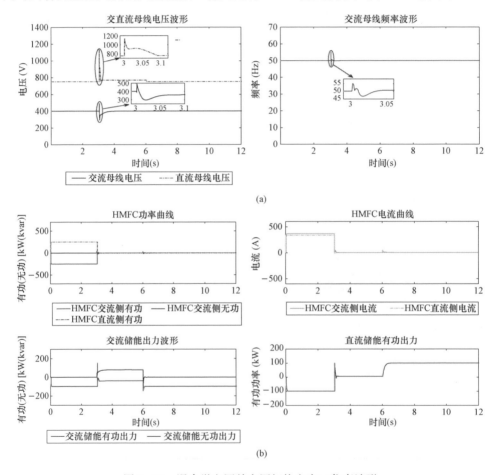

(a)

(b)

图 3 - 39　混合微电网并离网切换方案三仿真波形

图 3 - 39（a）所示，3s 同时断开 AC - PCC 与 DC - PCC，HMFC 维持 P/Q 控制不变，1 号储能工作模式切换为 V/f 控制稳定交流母线电压，交流母线电压最大偏差为 105V，超调量为 26.25%、频率最大偏差为 5Hz，超调 10%，二者的调节

时间均在 20ms 左右；2 号储能工作模式由 P 控制切换为 V 控制，用于稳定直流母线电压，其最大偏差为 300V，超调量为 39％，调节时间也在 80ms 内。在 6s 时刻同时闭合 AC-PCC 与 DC-PCC，混合微电网由离网转并网，1、2 号储能运行模式分别由 V/f 和 V 控制同时切换为 P/Q（和 P）控制，离网转并网的暂态特性同上两种实验。

此外，纵观图 3-37（b）、图 3-38（b）、图 3-39（b）中 HMFC 双侧功率、电流及 1、2 号储能波形，不难看出交直流混合微电网在并离网相互切换过程中，系统内功率变化符合各切换过程中的协调控制原则，而且功率、电流波形在经历短时间的调节后，都可以很快进入新的稳态继续运行。这一方面验证了系统建模和协调控制策略的正确性，同时表现出了交直流混合微电网系统良好的稳定性和快速的动态响应特性。

3. 离网模式切换实验

交直流混合微电网并网转离网过程中，不同的公共连接点 AC-PCC、DC-PCC 断开顺序，会导致系统进入离网运行时的工况有所不同。为验证交直流混合微电网互为支撑的功能，对"交流母线占优型"混合微电网离网模式与"直流母线占优型"混合微电网离网模式的相互转换进行仿真验证，实验初始运行条件见表 3-10。

表 3-10　　　　　　　　离网模式切换实验中混合微电网初始运行条件

编号	交流微电网初始状态			交直流混合微电网潮流控制器 HMFC	直流微电网初始状态		
	1 号光伏	交流负荷	1 号储能 "＋" 放电 "—" 充电		2 号光伏	直流负荷	2 号储能 "＋" 放电 "—" 充电
1	50kW	100kW	0	稳直流母线电压	100kW	100kW	＋50kW
2	100kW	100kW	＋50kW	稳交流母线电压、频率	50kW	100kW	0

（1）"交流母线占优型"混合微电网离网模式转"直流母线占优型"混合微电网离网模式。

实验内容见表 3-10 中实验 1，仿真过程描述为：如图 3-35 所示，混合微电网在 DC-PCC 点断开的工况下启动仿真，HMFC 运行于 V 控制模式，以稳定直流母线电压；3s 断开 AC-PCC 点断路器，1 号储能由 P/Q 控制模式切换至 V/f 控制模式，给交流微电网提供电压、频率支撑；6s HMFC 由 V 控制模式切换为 V/f 控制模式，从而代替 1 号储能稳定交流母线电压、频率，而 1 号储能由 V/f 控制模式切换为 P/Q 控制模式，同时 2 号储能由 P 控制模式切换为 V 控制模式支撑直流母线电压；仿真共运行 9s。结果如图 3-40 所示。

从图 3-40（a）可以看出，混合微电网在 3s 时的并网转离网的过程中，交流母线电压最大偏差为 35V，超调量在 8.75％左右，母线频率最大偏差为 1.5Hz，超调

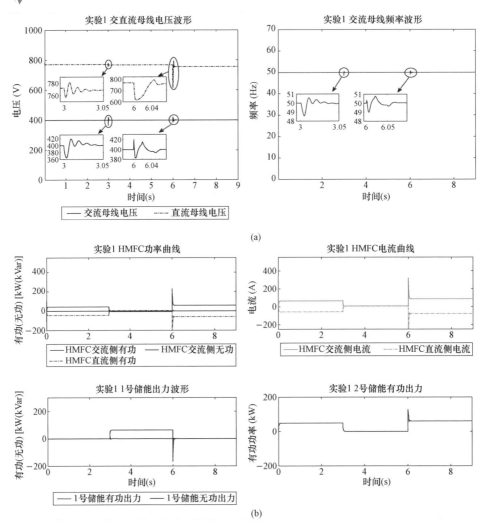

图 3-40　实验 1 混合微电网离网运行模式切换仿真波形

3%，两者调节时间均在 50ms 内；直流母线电压最大偏差为 13V，超调量 1.7%，系统整体过渡过程表现良好的暂态特性。在 6s 时刻，混合微电网切换运行模式，这一过程对直流微电网影响较大，直流母线电压最大偏差为 141.8V，超调量为 18.76%，调节时间为 40ms；交流侧电压最大偏差 20V，超调量为 5%，频率最大偏差 1Hz，超调量为 2%，两者调节时间均在 60ms 内。

（2）"直流母线占优型"混合微电网离网模式转"交流母线占优型"混合微电网离网模式。

实验内容见表 3-10 中实验 2，仿真过程描述为：图 3-35 所示的混合微电网在 AC-PCC 断开的工况启动仿真，HMFC 运行于 V/f 控制模式，以稳定交流母线电压、频率；3s 断开 DC-PCC，2 号储能由 P 模式切换至 V 控制模式，从而支撑直流微网电压；6s 切换运行模式，HMFC 由 V/f 控制模式切换为 V 控制模式，代替 2 号储能稳定直流母线电压，而 2 号储能由 V 控制模式切换为 P 控制模式，同时 1 号储能由 P/Q 控制模式切换为 V/f 控制模式，以支撑交流母线电压、频率；仿真共运行 9s。仿真结果如图 3-41 所示。

从图 3-41（a）可以看出，"直流母线占优型"混合微电网在 3s 的并网转离网

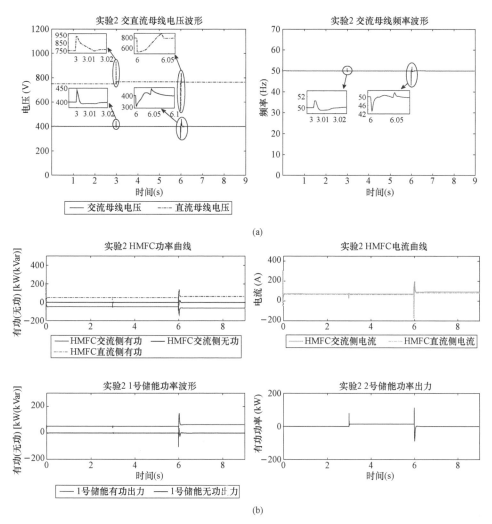

图 3-41　实验 2 混合微电网离网运行模式切换仿真波形

过程中，直流母线电压最大偏差为 168.8V，超调量 21.9%，调节时间为 10ms；交流母线电压最大偏差为 50V，超调量为 12.5%，母线频率最大偏差为 1.23Hz，超调 2.46%，两者调节时间均在 20ms 内。在 6s 时刻，混合微电网切换运行模式，直流母线电压最大偏差 237.4V，超调量 30.8%，调节时间为 50ms；交流侧电压最大偏差 97.4V，超调量 24.35%，频率最大偏差为 6.8Hz 左右，超调量 13.6%，两者调节时间均在 80ms 内。

另外，图 3-40（b）、3-41（b）中 HMFC 功率及电流，1、2 号储能功率波形均表现出良好的暂/稳态特性。

3.6.7 试验验证

试验物模系统交流母线电压为 380V，直流母线电压为 750V，交流微电网储能系统功率 50kW，直流微电网储能系统功率 20kW，交直流混合微电网协调潮流控制器额定功率 50kW，试验系统的主要参数见表 3-11，图 3-42 为物理模型试验系统的接线示意图。

表 3-11　　　　　　　　交直流混合微电网试验系统主要参数

	电压范围	400VAC±10%		电压范围	640~760VDC
交流侧	最大电流	85A	直流侧	最大电压	850VDC
	电流波形畸变	小于 3%（额定功率）		最大电流	96A

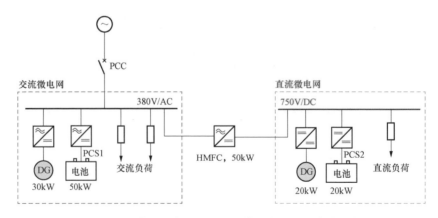

图 3-42　交直流混合微电网物理模型实验系统接线示意图

1. 交流母线占优试验

HMFC 工作于 V 控制模式以稳定直流母线电压，通过调节 PCS2 充放电验证 HMFC 对直流母线电压的控制效果。如图 3-43 所示为试验波形，图中通道①为

HMFC 交流侧电压，通道②为 HMFC 直流侧电压，通道③为 HMFC 交流侧电流，通道④为 HMFC 直流侧电流，以下试验波形图中通道标识相同。

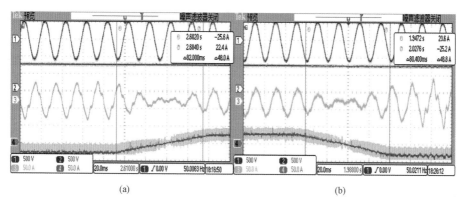

(a)   (b)

图 3-43 交流母线占优试验波形

(a) 20kW 充电到 20kW 放电；(b) 20kW 放电到 20kW 充电

图 3-43（a）为 PCS2 由充电 20kW 到放电 20kW 的试验波形，PCS2 先对储能进行充电 20kW，82ms 后 PCS2 转为放电状态，通道④所示 HMFC 直流侧电流由－25.6A 变为 25.4A，转换过程中通道②所示直流母线维持 750V 不变。

图 3-43（b）为 PCS2 由放电 20kW 到充电状态的试验波形，通道④所示 HMFC 直流侧电流由 25.6A 变为－25.2A，转换过程中通道②所示直流母线维持 750V 不变；实验结果验证了 HMFC 工作于 V 控制模式支撑直流母线电压的功能。

2. 直流母线占优试验

HMFC 工作于 V/f 控制模式以控制交流母线电压及频率，PCS2 工作于 V 控制模式以控制直流母线电压，通过投切交流微电网的负载以验证 HMFC 对交流母线电压及频率的控制效果，如图 3-44 所示为试验波形。

图 3-44 中，交流侧投入 20kW 负载时，直流微电网通过 HMFC 向交流微电网提供 20kW 的功率，HMFC 工作于 V/f 控制模式以支撑交流母线电压及频率。实验结果验证了 HMFC 工作于 V/f 控制模式控制交流母线电压及频率的功能。

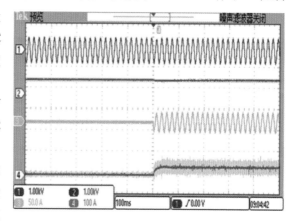

图 3-44 验证直流母线占优运行模式试验波形

3. HMFC 有功/无功潮流试验

交流微电网与直流微电网都独立运行时，HMFC 听从调度命令模式向交流微电网或直流微电网提供功率输出，以下给出了 HMFC 的有功/无功潮流控制效果以及其动态响应时间等，如图 3-45 所示。

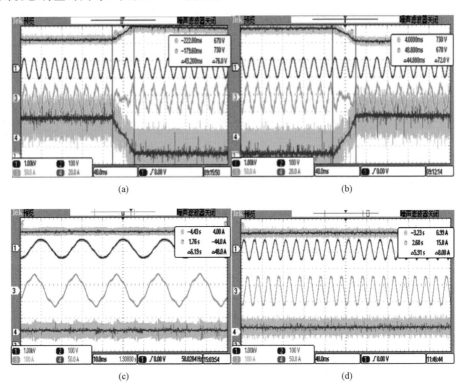

图 3-45　潮流控制器有功无功潮流控制的试验波形

（a）20kW 有功输出到 20kW 有功吸收；（b）20kW 有功吸收到 20kW 有功输出；

（c）50kvar 容性无功输出波形；（d）50kvar 感性无功输出波形

图 3-45（a）中，在 43.2ms 时 HMFC 的交流侧由输出 20kW 有功功率转为输入 20kW 有功功率；图 3-45（b）中 44.8ms 时 HMFC 由向交流侧输入 20kW 有功功率转为输出 20kW 有功功率；图 3-45（c）为 HMFC 向交流侧输出 50kvar 容性无功的波形；图 3-45（d）为 HMFC 向交流侧输出 50kvar 感性无功的波形。

3.7　无通信线互联微电网控制技术

微电网控制方式主要有主从控制、对等控制、综合分层控制三种控制方式。

（1）主从控制：在微电网离网运行时需要主电源（储能装置）由 P/Q 控制模式转换为 V/f 控制模式，在并网运行时又需要主电源（储能装置）由 V/f 控制模式转换为 P/Q 控制模式，采用主从控制的微电网在孤岛发生时，会出现"有缝"切换，尽管使用快速电力电子开关可以缩小"缝隙"，但不能完全做到"无缝"切换，同时储能装置不能长期支撑离网运行中较大的负荷，在负荷较轻时，也不能长期处于充电状态，同时需要依赖通信的综合分层控制实现能量平衡。

（2）对等控制：各个分布式电源根据接入点电压和频率，采用 Droop 控制参与微电网离网运行时的电压和频率调节。采用 Droop 控制可以不依赖通信，但微电网在离网运行时如何保持电压和频率的稳定性是需要解决的问题，这也是采用对等控制方式的微电网一直没有示范工程的原因。

（3）综合分层控制：把微电网分成能量管理层、协调控制层、就地控制层的三层控制结构，依赖协调控制层的 MGCC 集中管理各个分布式电源、储能装置和负荷，实现微电网离网的能量平衡，该方法是目前微电网普遍采用并具备商业应用的一种成熟技术模式。但分层控制依赖通信，结构复杂，且技术指标不高，存在"有缝"切换、非计划孤岛过电压、并网合闸冲击等问题。

3.7.1　分层控制主要问题

微电网分层控制结构如图 3-46 所示，分成能量管理层、协调控制层、就地控制层的三层控制结构。能量管理层实现配电网中多个微电网能量管理；协调控制层由 MGCC 集中管理各个分布式电源、储能装置和负荷，响应能量管理层的调度管理并协调就地控制层设备，实现微电网的并网运行及离网运行控制；就地控制层由分布式电源、储能、负荷控制器以及智能终端等设备构成，实现数据采集、就地保

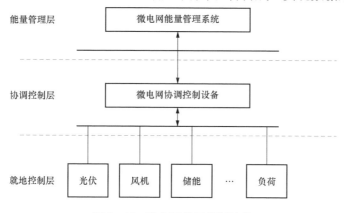

图 3-46　微电网分层控制结构

护控制、分布式发电调节、储能充放电控制和负荷控制，对于小型简单微电网，可以简化结构，将能量管理层与协调控制层合并，采用两层控制体系结构。

1. 并网运行

微电网并网运行时，微电网通过 PCC 与配电网相连，MGCC 对主储能电池进行管理，控制储能电池维持在 SOC 上限，从而尽可能多储存电能，使微电网在离网运行时尽可能地长时间工作。

2. 并网转离网

在外部电源失去时，需要从并网状态转入离网状态（非计划孤岛）；或者在计划调度需要时，微电网转入离网状态（计划孤岛）。

（1）计划孤岛 PCC 交换功率调节

在计划性孤岛时，MGCC 根据计划调度指令要求，首先调节储能出力，使 PCC 交换功率为零，并使储能、各 DG 出力与负荷达到功率平衡；然后 MGCC 发出指令跳 PCC 开关，储能由 P/Q 工作模式转换为 V/f 工作模式，微电网进入离网运行状态。MGCC 调节储能出力使 PCC 交换功率为零的原因是防止交换功率过大，在微电网发电过多、向配电网输送有功过大时切换，会造成微电网离网瞬时过电压，使主储能电源因过电压保护而停机。

（2）非计划孤岛过电压

在非计划性孤岛时，若微电网发电过多、向配电网输送有功过大，当微电网能量突然不平衡时，会造成微电网来不及切换，而产生孤岛保护过电压，造成主储能因孤岛过电压停机，从而发生微电网并网转离网失败的情况。

（3）非计划孤岛"缝隙"

在非计划性孤岛时，若 PCC 交换功率不大，则孤岛过电压不足以引起主储能停机。此时检测出孤岛后，PCC 开关断开，进入离网运行状态。这一过程中，首先微电网会瞬间失电，造成微电网电压和频率的波动，当系统由并网运行转换离网运行后，主储能由 P/Q 控制模式转换为 V/f 控制模式，使微电网的电压频率恢复正常。从瞬间失电到微电网电压频率恢复正常的时间，就是非计划孤岛"缝隙"。虽然通过采用快速动作的电子开关可以缩小"缝隙"，但难以彻底消除"缝隙"，这就是目前微电网中普遍存在的"有缝"切换问题。

3. 离网运行

（1）电池充放电管理

离网运行时需要 MGCC 对主储能电池进行主动管理，最大化提高分布式发电的利用率，从而保障微电网尽可能长时间地离网运行。当负荷较轻时，由 MGCC 管理主储能，将 DG 发出的多余电能储存起来。若主储能容量达到上限，MGCC 将限制主储能充电，否则会引起主储能过充电保护停机；在负荷较重时，当主储能容量达到下限时，MGCC 将限制主储能放电，切除非重要负荷，否则会引起主储能过放电保护停机。

（2）分布式发电控制

微电网离网运行时，MGCC 对分布式发电及负荷进行预测，根据采集到各个节点的电流、电压、功率、开关量等信息，控制各 DG 及储能的出力，实现微电网的离网能量平衡。MGCC 通信出现问题，则无法进行分布式发电控制，微电网不能正常运行。

4. 离网转并网

微电网在离网运行期间，当配电网电源恢复正常或计划性孤岛恢复时，需要微电网从离网运行恢复到并网运行。由于微电网离网运行时的电压与配电网电压存在角差及频差，并网恢复时应先采取同期判断，当角度差小于定值时并网恢复，尽量减少并网恢复瞬间的合闸冲击。如果同期时合闸冲击过大，合闸冲击电流会造成主储能过电流保护动作而停机，而使整个微电网停电。因此微电网从离网转并网应尽量减小合闸冲击，实现"平滑"切换。

通过以上分析可知：微电网并网运行、并网转离网、离网运行、离网转并网的控制均离不开 MGCC，但 MGCC 又对通信有较高依赖。并且，MGCC 不能解决过电压、切换"缝隙"、合闸冲击等问题。

3.7.2　移频控制技术

移频键控（Frequency‐Shift‐Keying，FSK）技术是用数字信号去调制载波的频率，在电力系统保护通信领域是一项应用成熟的技术，如：高压线路保护用 FSK 式收发信机，额定频率范围 50～400kHz，在 4kHz 额定带宽，正常运行发送的是监频信号，信号频率 f_G，用于信道的监视；故障时发送命令信号，发送信号频率 f_T，用于传送规定的操作命令。高压线路保护用载波机，采用 FSK 技术，在一个通道中切换 5 个频率，正常传送监频 f_G，故障时传送跳频 f_A、f_B、f_C、f_3。跳频 f_A、f_B、f_C 分别为 A、B、C 相的跳频，f_3 为三相跳闸的跳频，如图 3‐47 所示。

微电网中可以借用 FSK 技术思想，在微电网离网运行时，借用电压源的工频信号，采用移频控制技术，利用频率信号作为通信手段，实现无通信线互联微电网控制，由储能装置与各个分布式电源实现自主并联，且无需 MGCC，是一种物理结构最简单的即插即用微电网控

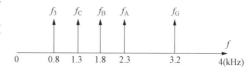

图 3‐47　移频键控调制方式

制方法。

1. 频率分区

如图 3-48 所示，参考 0.5～100 MW 发电机组的频率偏差故障穿越要求：在

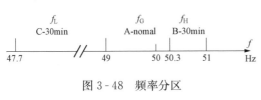

图 3-48 频率分区

47.5～51Hz 范围内，49～50.3Hz 为发电机组正常运行频率范围；50.3～51Hz 为发电机组频率过高范围，频率偏差故障穿越允许运行 30min；47.5～49Hz 为发电机组频率过低范围，频率

偏差故障穿越允许运行 30min。在微电网离网运行时，主储能采用虚拟同步发电机技术，具有电压源外特性，借用电压源的工频信号，把频率运行下限 47.5Hz 调整为 47.7Hz，主储能在最大功率充电/放电时，见图 3-49，频率工作在 47.7～51Hz 范围内，即使功率波动再大，只要不超出储能最大充放电功率，系统频率就不会超

出允许范围，从而解决了对等控制电压频率的稳定性，且具有鲁棒性强的特点。具体方法是根据 SOC 状态，将频率划分成三个区域，50.3～51Hz 为 SOC 过高充电下垂运行区域，亦为高频故障穿越区域；47.7～49Hz 为 SOC 过低放电下垂运行区域，亦为低频故障穿越区域；49～50.3Hz 为 SOC 正常下垂运行区域及 SOC 过高放电/SOC 过低充电下垂运行区域。SOC 正常传送监频 f_G，SOC 过高充电传送高控

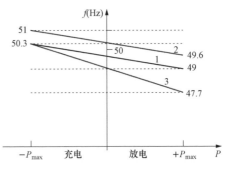

图 3-49 基于 SOC 的下垂控制方式

频 f_H（控制分布式发电），SOC 过低放电传送低控频 f_L（低周减载切除负荷）。

基于 SOC 的下垂控制方式如图 3-49 所示，微电网并网运行，主储能运行下垂折线为图 3-49 中折线 1，正常运行频率范围 f_G 为 49～50.3Hz，主储能根据 SOC 状态对储能电池进行维护，使 SOC 工作在设定的正常范围内。

离网运行时，若 SOC 正常，主储能运行下垂折线为图 3-49 中折线 1，下垂运行频率范围 f_G 为 49～50.3Hz，主储能根据 SOC 状态对储能电池进行维护，使 SOC 工作在设定的正常范围内，发送的是允许充放电监频 f_G 信号；若 SOC 过高，主储能下垂折线为图 3-49 中折线 2，下垂运行频率范围 49.6～51Hz，其中 f_H 为 50.3～51Hz，充电时主储能下垂运行在该区域，发出的是禁止充电信号，同时以该频率信号调节 DG 发电单元的发电，且由于频率过高而限制 DG 发电量，让主储能不在充电状态，放电时主储能下垂运行区域 50.3～49.6Hz，不再调节 DG 发电

单元的发电，随着电池放电，SOC 恢复正常；若 SOC 过低，主储能下垂折线为图 3-49 中折线 3，下垂运行频率范围 47.7～50.3Hz，其中 f_L 为 47.7～49Hz，放电时主储能下垂运行在该区域，这时 SOC 过低又不允许放电，以该频率信号作为低周减载信号，负荷通过低周减载，让主储能工作在 49Hz 以上，对电池充电。在频率允许范围内发送不同频率信号，以该频率信号调节分布式电源发电单元的发电控制及负荷控制，实现无通信线互联微电网离网控制。

2. 主储能下垂控制折线

根据前面提出的主储能下垂折线，其输出有功与频率的 Droop 特性为

$$f = f_n + k_i P + C_i \tag{3-40}$$

式中，f 为主储能输出电源频率；f_n 为电源额定频率；k_i 为下垂系数；P 为输出有功功率；P_{max} 为主储能最大输出有功功率，最大吸收有功功率 $P_{min} = -P_{max}$；C_i 为常数。

根据主储能电池 SOC 状态，采用不同的下垂折线，分为 SOC 正常，SOC 过高，SOC 过低三种情况。

（1）SOC 正常。

如图 3-49 所示的下垂折线 1：

当频率上限 $f_{max} = 50.3\text{Hz}$，$P = -P_{max}$；当频率下限 $f_{min} = 49\text{Hz}$，$P = P_{max}$。

可以得到：

$$
\begin{aligned}
k_i &= -(f_{max} - f_{min})/(P_{max} - P_{min}) \\
&= -0.65/P_{max}
\end{aligned}
$$

取 $C_i = -0.35$。

将 k_i、C_i 带入式（3-40）得：

$$f = f_n - 0.65P/P_{max} - 0.35 \tag{3-41}$$

式（3-41）的物理意义是，如果 SOC 正常，下垂折线 f 可以在正常频率允许范围内，从最低的 49Hz 到最高的 50.3Hz，为 f_G 区域。放电时输出最大有功 P_{max} 时，频率达到允许下限 49Hz，充电时吸收最大有功 P_{max} 时，频率达到允许上限 50.3Hz，不充电不放电 $P = 0$ 时频率为中间值 $f_0 = 49.65\text{Hz}$，如图 3-49 中折线 1，对应图 3-48 中的 f_G。

（2）SOC 过高。

如图 3-49 所示中下垂折线 2：

频率上限 $f_{max} = 51 \text{ Hz}$，$P = -P_{max}$；

不充放电时 $P = 0$，对应 $f_0 = 50.3\text{Hz}$。可以得到：

$$k_i = -(f_{max} - f_0)/P_{max} = -0.7/P_{max}$$

取 $C_i = 0.3$，代入得

$$f = f_n - 0.7P/P_{max} + 0.3 \qquad (3-42)$$

式（3-42）的物理意义是，如果 SOC 过高，下垂折线 f 在充电时运行在 $50.3 \sim 51 Hz$，为 f_H 区域，充电时 $P < 0$，进入 f_H 区域，发出的是控制 DG 发电命令，充电吸收最大有功 $-P_{max}$ 时到达 f_H 上限 $51 Hz$，以该频率信号调节 DG 发电单元的发电，如图 3-49 中折线 2，对应图 3-48 中的 f_H。放电时 $P > 0$，f 运行在 $49.6 \sim 50.3 Hz$，为 f_G 区域。

（3）SOC 过低。

如图 3-49 所示中下垂折线 3：

当频率下限 $f_{min} = 47.7 Hz$，$P = P_{max}$；

当频率上限 $f_{max} = 50.3 Hz$，$P = -P_{max}$。

可以得到：

$$k_i = -(f_{max} - f_{min})/(P_{max} - P_{min}) = -1.3/P_{max}$$

取 $C_i = -1$，代入得

$$f = f_n - 1.3P/P_{max} - 1 \qquad (3-43)$$

式（3-43）的物理意义是，如果 SOC 过低，下垂折线 f 在放电时运行在 $47.7 \sim 49 Hz$，为 f_L 区域，放电时 $P > 0$，进入 f_L 区域，发出的是低周减载切除负荷命令，放电输出最大有功 P_{max} 时 f_L 到达下限 $47.7 Hz$，以该频率信号作为负荷的低周减载信号，如图 3-49 中折线 3，对应图 3-48 中的 f_L。充电时 $P < 0$，f 运行在 $49 \sim 50.3 Hz$，为 f_G 区域。

3. DG 的自动过频率/功率控制（f/P）

微电网离网运行时，需要实时保持微电网的离网能量平衡，但 DG 采用 MPPT 技术，尽可能地提高 DG 的利用率。在电池 SOC 过高情况下，多余的电能不能储存，负荷又消耗不掉，这时会造成电能过多而引起过电压，造成微电网离网时失去能量平衡而崩溃，这就需要限制调节 DG 出力，以便保持离网能量平衡。

离网运行时，如果 SOC 过高，主储能工作在折线 2，下垂折线充电运行，充电时为 f_H 区域，此时通过频率调节 DG 自身的发电，具体详见 3.3 节。

4. 主储能 V/f 控制

微电网离网运行时存在离网能量平衡问题。主储能在离网运行时采用移频控制技术，根据电池 SOC 状态，而发出不同的下垂频率，DG 根据不同频率，来控制调节出力，保持离网能量平衡。并网运行时，储能变流器工作在 P/Q 模式，电网频率由大电网决定。储能变流器并网采用 P/Q 模式，离网采用 V/f 模式，存在并网到离网，离网到并网的模式切换，模式切换又带来"缝隙"问题。

由于虚拟同步发电机具有电压源外特性，具体详见 3.5 节，既可以并网运行，也可以离网运行，因此在计划孤岛或非计划孤岛时，仍保持并网时的初始状态，以实现并网转离网的无缝切换。针对离网转并网模式切换带来的合闸冲击问题，可采用预同步并网控制技术，具体是 3.4 节，从离网转并网指令接收时刻起，实时监测 PCC 处电网侧的电压相位信息，按照设定的相位调节步长来调节储能变流器的电压相位值，直至两侧电压相位同步并保持同步，发 PCC 合闸命令，进行并网，实现离网转并网无冲击合闸。

5. 电池充放电管理

并网运行时通过配电网调度端对储能进行功率调节，控制储能的充放电，保持合理的 SOC 状态。离网运行时，应尽量少的依赖储能维持负荷供电，而是尽量多的以 DG 维持负荷供电，同时 DG 多余的电能应储存在电池中，这样可以让离网运行时间最长。因此，储能 SOC 上限门槛设置为 $80\%\sim90\%$，下限门槛设置为 $20\%\sim30\%$。并网运行时，储能维持在上限 $80\%\sim90\%$，这样离网运行时储能能保持长时间的电量供给。

离网运行时，在 SOC 高于上限门槛时，储能工作在图 3-49 的折线 2，充电时为 f_H 区域，发送的是禁止充电信号；SOC 在正常范围内，储能工作在图 3-49 的折线 1，发送的是允许充放电信号；储能 SOC 可

图 3-50　SOC 与电池充放电的关系

能随负载消耗而降低，在 SOC 小于下限门槛时，储能工作在图 3-49 的折线 3，放电时为 f_L 区域，发送的是禁止放电信号。SOC 与电池充放电的关系如图 3-50 所示，表示 SOC 与电池充放电关系。

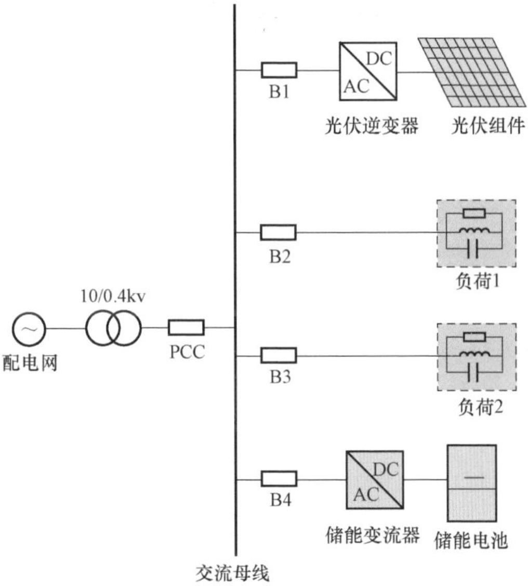

3.7.3　实验验证

图 3-51 所示为无通信线微电网实验系统示意图，实验系统由 20kW 储能、20kW 负荷、20kW 光伏发电构成。储能电池采用锂离子电池，储能变流器采用虚拟同步发电机技术，具有电压源外特性，下垂折线采用本文提出的移频控制技术，并网采用预同

图 3-51　无通信线微电网实验系统

步并网技术，光伏逆变器采用自动过频率/功率 f/P 控制技术。负荷 1 功率 12kW，负荷 2 功率 8kW，实验系统接入交流母线电压 400V，该系统没有配置 MGCC，实验内容主要有并网转离网实验、离网运行负荷突减实验、离网转并网实验等，以验证不同工况下无通信互联微电网控制效果。

1. 并网转离网试验

此实验目的为验证微电网在并网转离网时，控制系统可以解决微电网可能出现的离网瞬间过电压及"有缝"切换问题。图 3-52 所示为并网转离网实验，实验按照最大交换功率由微电网向配电网送电。光伏发电为 20kW，负荷用电为零，并网运行时光伏发电 20kW 全部通过 PCC 输送到配电网，储能出力为零。此时发生非计划孤岛，光伏发电 20kW 全部为储能吸收。图中线 ②> 为微电网母线线电压（390V），并网转离网时没有缝隙，且没有发生过电压，实现了非计划孤岛的无缝切换，线 ③> 为储能变流器相电流，孤岛发生后储能出力为零到充电电流 29.8A。

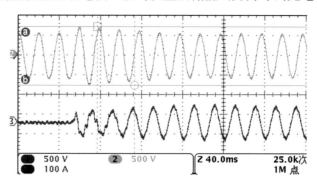

图 3-52　并网转离网实验

2. 离网运行负荷突变实验

此实验目的为验证微电网离网运行时，可以不依赖通信，仅依靠主储能与分布式电源配合实现控制调节及能量平衡。图 3-53 所示为离网运行负荷突变实验，正常运行负荷 20kW，光伏发电出力 10kW，储能放电出力 10kW。图中 90ms 时负荷突减 12kW，270ms 后又突减 8kW，第一次负荷突减 12kW，负荷仅剩 8kW，而此时光伏发电 10kW，超出了负荷需求，多余的 2kW 由储能充电吸收，故储能由放电状态到充电状态。第二次负荷再突减 8kW 而为 0，此时光伏发电 10kW，负荷为零，故光伏所发 10kW 有功功率全部由储能吸收。图中线 ①> 为微电网母线线电压 390V，始终保持不变；线 ③> 是储能交流侧电流，电流相位在负载突变前后相差 180 度，电流从放电转为充电（0～90ms：14.9A，90～270ms：3.1A，270ms 以后：−15.2A）；线 ②> 是储能变流器直流侧电压（700V），线 ④> 是储能变流器直流侧电流（0~90ms：14.1A，90~270ms：2.9A，270ms 以后：14.5A）。

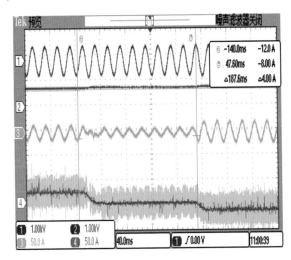

图 3 - 53　离网运行负荷突变实验

3. 离网到并网试验

图 3 - 54 所示为非计划孤岛后的离网转并网实验，此时微电网离网运行，带 20kW 负荷，且全部由储能供电，检测出配电网侧有电压时，合 PCC 开关，储能出力减小到 0，负荷由配电网供电，离网到并网期间储能无冲击，实现了平滑切换。图中线 1 是微电网母线线电压，始终保持 390V 不变；线 3 是储能交流侧电流，电流从放电时的 29.6A 降为 0。

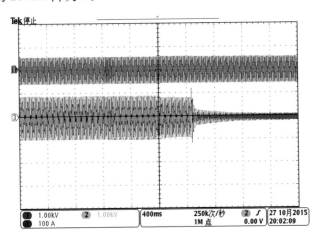

图 3 - 54　离网转并网实验

第 4 章

分布式电源并网保护控制技术

传统配电网从输电网接受电能，并通过配电设施分配给用户，其潮流单向流动而不进行主动控制，因而称为被动配电网（Passive Distribution Network，PDN）。分布式电源接入传统配电网，使配电网潮流变为双向流动，给传统配电网在短路水平和设备选型、无功功率和电压分布、配电网保护、配电自动化和故障处理过程、特殊情况下的孤岛运行等方面带来影响。由于传统配电网不是为分布式电源接入设计的，不适应大量分布式电源的接入，2008 年国际大电网会议（CIGRE）配电与分布式发电专委会提出主动配电网（Active Distribution Network，ADN）技术。其基本定义为：通过使用灵活的网络拓扑结构来管理潮流，以便对局部的分布式电源进行主动控制和主动管理的配电系统。本章介绍分布式电源并网与配电网的保护控制技术。

4.1 架空线路主动配电网的纵联保护

单向辐射非自动化型配电网的馈线保护采用三段式电流保护，分布式电源接入对配电网保护带来的影响主要有末端故障电流助增使保护灵敏度降低、相邻线故障保护误动、重合闸不成功等问题。可将配电网馈线保护改为馈线保护增加方向元件，从而采用方向型电流电压保护解决分布式电源接入的影响。

自动化型配电网中，配电自动化（Distribution Automation，DA）根据配电网接线方式采取不同的配网馈线自动化（Feeder Automation，FA）保护方案。配电网接线方式分为两种：架空网接线方式；电缆网接线方式。本节介绍架空线路主动配电网的保护方案。

4.1.1 分布式电源接入对架空线配电网影响

图 4-1 所示为架空线路配电网接线的四种网络结构：单电源辐射网；双电源拉手式环网；分段两联络；分段三联络。开关设备包括重合器、分段器、联络开关。架空线路配电网 FA 方案有分布式 FA 和集中式 FA 两种。

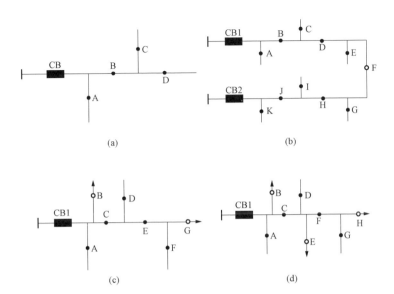

图 4-1　架空线路配电网接线

（a）单电源辐射网；（b）双电源拉手式环网；（c）分段两联络（d）分段三联络

■为重合器；●为分段器；○为联络开关

1. 架空网分布式 FA

分布式 FA 的配电保护是就地实现方式，采用电流保护与重合器、分段器配合实现故障隔离，根据分段开关选择类型不同，又分为电压时间型、电流计数型及电流电压混合型。图 4-2 所示为典型环网电压时间型故障处理过程，电流计数型及电流电压混合型与此类似，不再专门分析。

图 4-2 中，架空线路采用断路器与柱上负荷开关对线路进行分段与联络操作。重合器采用断路器实现电流保护及分合闸，分段器采用柱上负荷开关实现无压时自动分闸，接线为典型的手拉手环网接线。故障处理过程为：故障时CB1 跳闸，分段器 B、C 无压自动分闸，CB1 重合后，分段器 B、C 依次有压自动合闸，识别故障区段，故障隔离需多

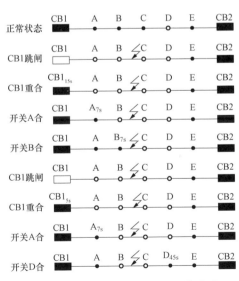

图 4-2　电压时间型典型环网的故障处理

■——重合器；●——分段器

次重合，故障隔离时间一般需 1～2min。

无 DG 接入时，以上 FA 保护方案能很好地实现故障隔离。但有 DG 接入时，若 DG 接入 B 或 C，CB1 区外电源侧发生故障，DG 提供故障电流，故障电流流过 CB1，造成 CB1 误动，多次重合；区内发生故障，CB1 跳闸后，由于 DG 存在，分段器 B、C 有压，对有孤岛检测功能的 DG，需要等待 DG 的孤岛保护动作（最长检测时间 2s）后，才能实现分段器 B、C 无压自动分闸，若 DG 的孤岛保护不动作，不能自动分闸；对于具有低电压穿越能力的 DG 来说，故障时电压低于 $0.9U_n$ 时设定动作时间 3s，分段器 B、C 分闸更慢，若故障时故障电压不低于 $0.9U_n$，分段器 B、C 不能实现无压自动分闸。

2. 架空网集中式 FA

集中式 FA 中，配电保护是采用主站（子站）与馈线终端（Feeder Terminal Unit，FTU）配合方式实现，确定故障区域。还以图 4-2 为例，重合器、分段器均装设 FTU，FTU 通过通信方式接入主站（子站）。

无 DG 接入时，当区内发生故障，CB1 过流跳闸，瞬时故障重合成功；永久性故障重合不成功，启动主站（子站）故障处理，FTU 上送故障信息到主站（子站），主站（子站）判断相邻 FTU 过流状态不一致，从而判定故障在 FTU 不一致的区域，主站（子站）遥控相应 FTU 分闸，隔离故障区域。

有 DG 接入时，同样会造成 CB1 区外电源侧发生故障，DG 提供故障电流的情况，故障电流流过 CB1，造成 CB1 误动；区内瞬时性故障时，CB1 跳闸后，由于 DG 存在，可能造成不能熄弧而重合不成功；永久性故障重合不成功，启动主站（子站）故障处理，FTU 上送故障信息到主站（子站），由于 DG 存在，主站（子站）判断相邻 FTU 过流状态一致，无法判定故障区域，从而不能隔离故障。

4.1.2 多分支线路纵联方向保护

1. 三分支线路纵联方向保护

传统高压线路保护中采用闭锁式纵联保护与收发信机配合的方式来实现高压分支线路的保护，该方案在光纤纵联三端电流差动保护没有出现之前，是高压分支线路继电保护的成熟工程应用方案，图 4-3 所示为三侧均有电源的分支线路纵联方向继电保护。

区内 F1 发生故障，S_1，S_2，S_3 启动元件（I_{S1}，I_{S2}，I_{S3}）均大于启动定值

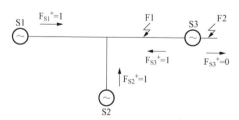

图 4-3 有源三分支线路纵联方向保护

I_{QD}，S_1，S_2，S_3 的正方向元件均动作（$F_{S1}^+=1$，$F_{S2}^+=1$，$F_{S3}^+=1$），判断为区内故障。因此有

启动判据：

$$I_{S1} > I_{QD}, I_{S2} > I_{QD}, I_{S3} > I_{QD} \tag{4-1}$$

动作判据：

$$F_{S1}^+ = 1, F_{S2}^+ = 1, F_{S3}^+ = 1 \tag{4-2}$$

区外 F2 发生故障，S_1，S_2，S_3 启动元件（I_{S1}，I_{S2}，I_{S3}）均启动，S_1，S_2 的正方向元件均动作（$F_{S1}^+=1$，$F_{S2}^+=1$），S_3 的正方向元件不动作（$F_{S3}^+\neq1$），不满足式（4-2），判断为区外故障。

2. 多分支线路纵联方向保护

从三分支扩展到多分支结构时，可采用纵联方向原理，如图 4-4 为均有电源的多分支线路纵联方向保护。

区内 F1 发生故障，S_1，S_2，…，S_n 启动元件（I_{S1}，I_{S2}，…，I_{Sn}）均大于启动定值 I_{QD}，S_1，S_2，…，S_n 的正方向元件均动作（$F_{S1}^+=1$，$F_{S2}^+=1$，…$F_{Sn}^+=1$），判断为区内故障。因此有

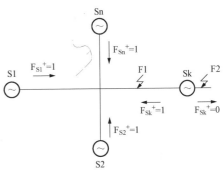

图 4-4　有电源多分支线路纵联方向保护

启动判据：

$$I_{S1} > I_{QD}, I_{S2} > I_{QD}, \cdots, I_{Sn} > I_{QD} \tag{4-3}$$

动作判据：

$$F_{S1}^+ = 1, F_{S2}^+ = 1, \cdots, F_{Sn}^+ = 1 \tag{4-4}$$

K 支路区外 F2 发生故障，S_1，S_2，…，S_n 启动元件（I_{S1}，I_{S2}，…，I_{Sn}）均启动，S_k 的正方向元件不动作（$F_{Sk}^+\neq1$），其他支路正方向元件均动作，不满足式（4-4），判断为区外故障。

3. 含无源多分支线路纵联方向保护

式（4-3）和式（4-4）适用均有电源的多分支线路，若某一支路无电源，线路故障，该支路不提供短路电流，装置不启动，故方向元件不参与比较。修改式（4-3）和式（4-4），推广到无源多分支，如图 4-5 所示，其数学表达式为：

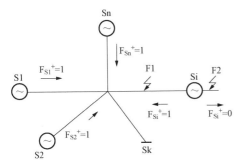

图 4-5　含无源多分支线路纵联方向保护

启动判据：

$$I_{Si} > I_{QD}, I_{Sk} < I_{QD} \quad i \geqslant 1, k \leqslant n \qquad (4-5)$$

动作判据：

$$\prod F_{Si}^{+} = 1 \quad i \neq k, \qquad (4-6)$$

式中，I_{Si} 为 i 支路的启动元件；F_{Si}^{+} 为 i 支路的方向元件。

其数学表达式物理意义：若区内发生故障，有源支路 I_{Si} 启动元件启动，无源支路 I_{Sk} 不启动，有源支路 Si 的正方向元件均动作（$F_{Si}^{+} = 1$），无源支路不参与动作判别，判断为区内故障。若区外发生故障，有源支路 I_{Si} 启动元件启动，无源支路 I_{Sk} 不启动，无源支路不参与动作判别，有源支路 Si（背后故障）的正方向元件不动作（$F_{Si}^{+} \neq 1$），其他有源支路正方向元件均动作，不满足式（4-6），判断为区外故障。

4.1.3　基于虚拟节点网络拓扑的架空线路配电网纵联保护

1. 架空线路配电网网络拓扑虚拟节点划分

归纳图 4-1 的配电网网络拓扑结构，把重合器、分段器、联络开关归类为单元元件，把线路虚拟为一个节点，以节点为单元划分为不同的支路区域，采用含无源多分支线路纵联方向保护中判据［式（4-5）、式（4-6）］，实现配电网纵联保护。如图 4-6 以单电源辐射网接线及分段三联络接线结构为例，划分出不同节点单元保护区域。图中单电源辐射网接线可划分为两个节点，每个节点有三个支路；分段三联络接线可划分为三个节点，节点 1、节点 2 有四个支路，节点 3 有三个支路。配电网中均可按此方法，根据配电网网络结构划分为不同的节点，每个节点按多分支纵联方向保护实现主动配电网的保护。

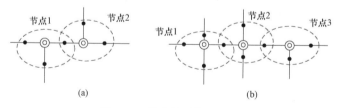

图 4-6　节点单元保护区域

（a）单电源辐射网接线；（b）分段三联络接线

●—单元元件；◎—虚拟节点

2. 采用 EPON 通信的架空线路配电网纵联保护

以太网无源光网络（Ethernet Passive Optical Network，EPON）技术特点是单点到多点结构，适用于架空线配电自动化通信方案建设。EPON 通信技术不支持光网络单元（Optical Network Unit，ONU）之间的通信，光线路终端（Optical

Line Terminal，OLT）和多个 ONU 之间通信采用下行 1490nm 波长，上行 1310nm 波长单纤波分时复用技术。在一根光纤中上、下行采用不同波长的信号；由于上、下行传输延时不一致，故不能实现基于光纤通道的采样同步，因此采用 EPON 通信技术的配电自动化不能采用基于同步要求的电流差动保护方案。而用分支线路纵联方向保护，对同步没要求，可利用 EPON 传输面向通用对象的变电站事件（Generic object oriented substation event，GOOSE）机制，FTU 通过 GOOSE 上传启动及方向信息给集中式纵联方向保护，集中式纵联方向保护采用基于虚拟节点网络拓扑结构的纵联配电网保护，能很好满足 ADN 接入 DG 对保护的要求。

考虑到分布式电源具有间歇性的特点，如：光伏发电白天发电，晚上不发电，晴天发电，阴雨天不发电；风力发电在有风时发电，无风时不发电，因此接入分布式电源的支路，可能有源，也可能无源，基于虚拟节点网络拓扑结构的配电网纵联保护方案很好地适应了分布式电源的这种特点，在分布式电源不发电时，自动不参与判别，作为正常的负荷支路。

在配电网的单元元件（重合器、分段器、联络开关）配置相应的 FTU（内置 ONU），FTU 采集就地电流、电压信息，按式（4-5）和式（4-6）判据的启动及方向元件，通过 EPON 通信的 GOOSE 传输机制，ONU 上传到 OLT。配置集中式纵联方向保护接 OLT，集中式纵联方向保护按配电网网络拓扑结构设置多个节点保护区域，实现主动配电网的保护。图 4-7 所示为基于 EPON 通信的集中式纵联方向保护示意图。

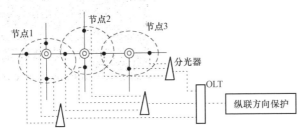

图 4-7　EPON 通信的集中式纵联方向保护

4.1.4　试验验证

图 4-8 所示为系统试验接线图，试验设备有 IDP831 配电网保护测控终端（FTU）、内置 ONU、IDP801 集中式纵联方向保护装置、交换机、ONU、分光器、OLT、网络报文分析仪。IDP831 配电网保护测控终端上传启动及方向元件信息，通过交换机、ONU、分光器、OLT 构成的网络上传给 IDP801 集中式纵联方向保护装置，集中式纵联方向保护采用基于虚拟节点网络拓扑结构的纵联配电网保护，

网络报文分析仪用于记录通道时间。

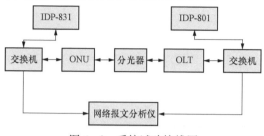

图 4-8　系统试验接线图

EPON 传输的 GOOSE 机制上行采用分时复用方式，时间较长；下行采用广播方式，延时时间较短。实际测试结果为上行 GOOSE 延时 1.34ms、下行 GOOSE 延时 0.04ms，满足配电网保护对通道的要求。图 4-9所示为实际测试动作波形，在试验中，电压采用 V/V 接线方式（B 相接地，电压为零），电流采用 A、C 两相接线方式，考虑到配电网对保护动作时间不如高压线路保护要求高，为了增加配电保护的可靠性，在集中式保护装置的保护判别时增加 45ms 功率倒方向延时及 GOOSE 消抖延时，实际测试中过流启动元件及方向动作为 23ms，整组保护动作时间 70ms（接收到 GOOSE 跳闸时间）。

4.1.5　应用案例

图 4-10 所示为国家 863 项目南麂岛微电网示范工程中配电网接线，主要线路为架空线路，单电源辐射网。电源出线接 1MW 风力发电，435kW 光伏发电，配电网辐射分支接 110kW 光伏发电，微电网柴油机主电源 1.6MW。配电网结构为两个单电源辐射型（图中框内），采用 EPON 通信，由 FTU 与一套集中

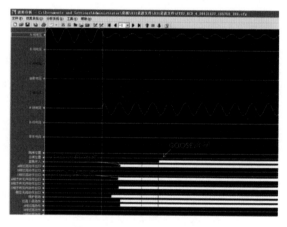

图 4-9　实际测试动作波形

式纵联方向保护通过 EPON 通信实现主动配电网的保护案例。

该工程为 10kV 配电网系统，原结构为架空线单辐射型，原配网保护设计方案采用电流保护与重合器、分段器配合实现故障隔离。接线图如图 4-11 所示。

当主干线 D 区发生相间短路时，处理过程如图 4-12 所示。

该方案隔离故障需进行多次重合操作，故障隔离时间需要 25s。另外若 C 区域内接有分布式电源，分段重合器 FB 跳闸后，则电压型分段负荷开关 FI1、FI2 依然有电压，导致不能正常分闸，影响故障的定位和隔离。所以该方案在动作灵敏性、选择性以及快速隔离故障等方面已不能满足配电网的要求。

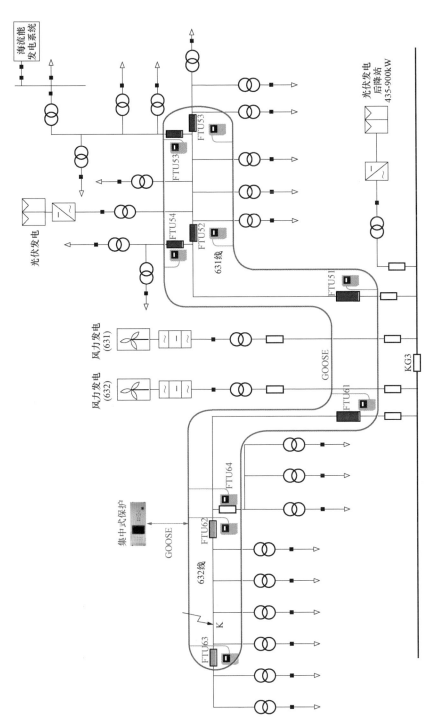

图 4 - 10　南麂岛微电网示范工程中配电网网络接线

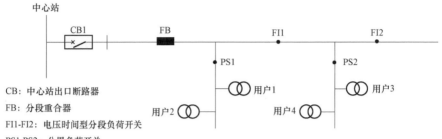

图 4 - 11　架空单辐射线路接线示意图

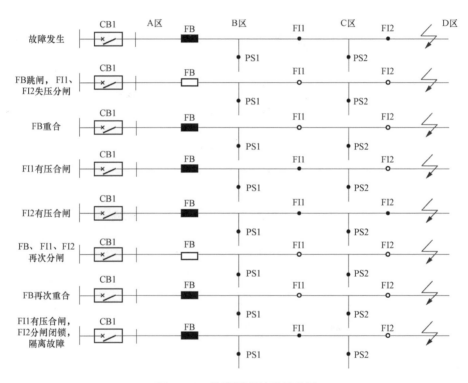

图 4 - 12　故障隔离过程示意图

　　配电网保护方案采用集中式的保护方案，由设置在 10kV 中心站的集中式保护装置和多个就地安装的 FTU 配合共同实现故障检测和隔离。图 4 - 13 所示为工程应用示意图，图 4 - 14（a）为 FTU，图 4 - 14（b）为集中式纵联方向保护。FTU采用 IDP831 配电网保护测控终端（内置 ONU），保护采用 IDP801 集中式纵联方向保护装置，通信采用 EPON，技术特点是单点到多点结构，适用于架空线配电自动化通信，且对同步没要求。基于 EPON 传输 GOOSE 机制，FTU 通过 GOOSE 上传启动及方向信息给集中式纵联方向保护，集中式装置接收故障时各 FTU 上送的过流及方向状态信息，并根据这些信息快速完成区域配电网的故障区段定位和故障隔离，与传统采用电流保护与中重合器、分段器配合实现故障隔离方案相比，不仅适应于新能源接入主动配电网要求，而且故障隔离更快速、准确。

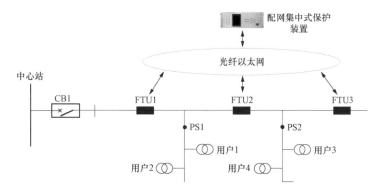

图 4 - 13　集中式纵联保护工程应用示意图

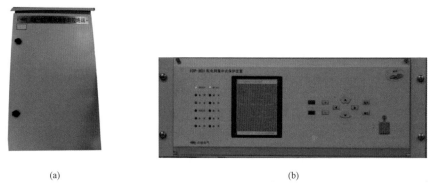

(a)　　　　　　　　　　　　　　　　　(b)

图 4 - 14　FTU 及配电网集中式保护装置

(a) FTU；(b) 集中式保护装置

4.2　电缆线路主动配电网的差动保护

　　4.1 中介绍了架空线路主动配电网保护方案，由于 DA 根据配电网的架空网接线方式及电缆网接线方式不同，采取不同的配网 FA 保护方案，本节介绍电缆线路主动配电网保护方案。

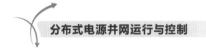
4.2.1 分布式电源接入对电缆线配电网影响

电缆网络接线的常见四种形式：单侧电源双射式；双侧电源单环式；双侧电源双环式；双侧电源对射式。电缆网采用的开关设备有断路器、环网柜。电缆配网馈线自动化保护方案有电缆网分布式 FA 和电缆网集中式 FA 两种。

电缆网分布式 FA 方案中，配电网保护采用馈线分段方案就地实现，环网柜装设配电终端（Distribution Terminal Unit，DTU），各终端之间通过专用通信通道连接，实现相邻 DTU 点对点的通信。对分段开关，故障判别采用识别相邻 DTU 过流状态，若相邻 DTU 支路过流状态一致，则保持合闸状态，若相邻 DTU 过流状态不一致，则识别出故障区域，DTU 跳闸，隔离故障。图 4 - 15 所示为双电源环网故障处理示意图，K1 故障时，DTU1-2 支路相邻支路过流状态不一致，识别出故障在 DTU1-2 与 DTU2-1 支路之间，跳 DTU1-2 及 DTU2-1，隔离故障。对联络开关，采用识别相邻 DTU 过流状态方法，相邻 DTU 支路过流状态一致，分段开关合闸，相邻 DTU 过流状态不一致，分段开关保持分闸。

无分布式电源接入时，以上馈线分段 FA 保护方案能很好地实现电缆网故障隔离。但有分布式电源接入时则无法有效实现故障判别，如：分布式电源接入 DTU2 支路，当 K_1 发生故障时，分布式电源提供故障电流并流过 DTU2-1，相邻 DTU 过流状态一致，识别不出故障区域，无法隔离故障。

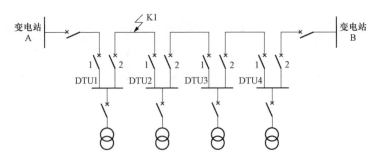

图 4 - 15　双电源环网故障处理

集中式 FA 方案中，配电网保护是采用主站（子站）与馈线终端配合方式实现。还以图 4 - 15 为例，环网柜装设 DTU，DTU 通过通信方式接主站（子站）。

无分布式电源接入时，若区内故障，变电站出线断路器过流跳闸，瞬时故障重合成功；永久性故障重合不成功，则启动主站（子站）故障处理，DTU 上送故障信息到主站（子站），主站（子站）判断相邻支路过流状态，判定故障在支路过流状态不一致的区域，主站（子站）遥控相应 DTU 分闸，隔离故障区域。

有分布式电源接入时，区外电源侧发生故障，分布式电源提供故障电流并流过出线断路器，造成出线断路器误动；若区内瞬时性故障，出线断路器跳闸后，由于分布式电源存在，可能造成不能熄弧，重合不成功；当永久性故障时，重合失败，启动主站（子站）故障处理，FTU 上送故障信息到主站（子站），由于分布式电源的存在，主站（子站）判断相邻支路过流状态一致，无法判定故障区域，因此不能隔离故障。

4.2.2　主动配电网差动保护方案

在输电网中，潮流双向流动是很普通的送电形式，输电网继电保护技术很好地解决了这一问题。差动保护在输电网的线路、母线、变压器、发电机保护中被广泛采用，是一种最简单、最可靠的保护，作为以上被保护对象的主保护，已有很多文章论述，这里不再赘述。随着智能变电站技术的发展，智能电子设备（Intelligent Electric Device，IED）可实现同步采样，网络技术及计算机技术的发展，使得区域电网可实现集中式保护，因此可引入输电网差动保护技术，实现主动配电网的差动保护。

1. IEEE1588（或 B 码）的智能变电站同步技术

智能变电站间隔层保护控制设备、过程层智能终端设备，统称 IED。采用 IEEE1588 信号、IRIG - B 码信号可实现智能变电站间隔层、过程层对时微秒级精度的要求。IEEE1588 对时是采用分布式测量和控制精密时间协议（Precision Time Protocol，PTP）的方法，基于 IEEE1588 标准，通过网络连接将分散在测量分离节点上独立运行的时钟，同步到一个高精度和高准确度时钟上，以解决网络的时

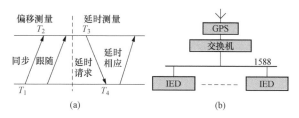

图 4 - 16　IEEE1588 对时

（a）PTP 原理；（b）IEEE1588 过程网络

钟同步问题。智能变电站中同步时钟装置接受 GPS 信号，作为主时钟源传输给网络交换机（支持 1588 对时），连接过程总线上 IED 作为从时钟，通过过程层网络基于 1588 协议进行时钟同步，从而把智能变电站的 IED 同步到统一的时钟源上，1588 对时网络在物理连接上需要多端口网络交换机，如图 4 - 16 所示。

IRIG - B 码是 IRIG 委员会专为时钟传送制定的时钟码，智能变电站中 IRIG - B 码对时是基于 B 码发生器，将 GPS 接收器输送的 RS232 数据及 1PPS 输出转换成 IRIG - B 码，通过 IRIG - B 码输出口及 RS232/RS422/RS485 串行接口输出，待对

时的 IED 根据 B 码解码器,将 B 码转换成标准的时间信息及 1PPS 脉冲信号,IRIG-B 对时网络在物理连接上需要多端口 B 码发生器,如图 4-17 所示。

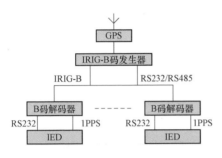

图 4-17　IRIG-B 码对时

2. 输电线路多端差动保护同步技术

基于光纤通道的电流差动保护,实现了输电线路双端差动保护的同步采样。输电线路除双端差动外,T 接线路的三端差动保护也已广泛应用,利用光纤通道可实现三端差动的同步采样。在利用光纤通道构成的四端同杆并架双回线的新型继电保护中,同杆并架双回线的四套保护通过光纤通道环形连接,实现同步采样,构成纵差保护及横差保护。

图 4-18 所示为基于通道同步原理示意图,(从)同步端 T_1 采样时刻发同步命令,(主)参考端 T_2 时刻接受到同步命令,并在 T_3 采样时刻向同步端发参考信息,同步端在 T_4 时刻收到参考信息,计算出通道延时及采样偏差。

通道延时为

$$T_{\text{Delay}} = ((T_2 - T_1) + (T_4 - T_3))/2$$

$$(4-7)$$

采样偏差为

$$T_{\text{Offset}} = ((T_2 - T_1) - (T_4 - T_3))/2$$

$$(4-8)$$

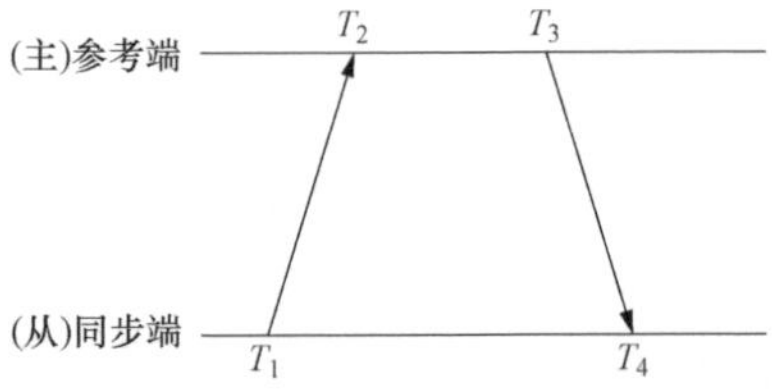

图 4-18　基于通道同步原理

同步端根据采样偏差修正采样时刻,实现采样同步。

3. 内置以太网络交换的主动配电网 DTU 同步技术

基于 IEEE1588(或 B 码)信号的智能变电站同步技术可实现智能变电站 IED 同步,该技术采用多端口网络交换机,由于变电站 IED 距离较近,因此适用于变电站内的集中安装设备。考虑到环网柜是"手拉手"环网结构,距离较远。为适应环网柜的"手拉手"环网连接方式,采用 DTU 采用内置以太网方式,即每个 DTU 都是网络交换机,设置两个光以太网接口,每个光以太网接口具备一发(TX)一收(RX)功能,可实现 DTU 之间的"手拉手"连接。图 4-19 所示为内置以太网

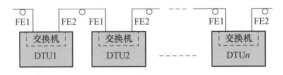

图 4-19　DTU "手拉手" 组网方式(FE1,FE2 内置光以太网接口)

络交换的主动配电网 DTU 组网方式，该组网结构简单，只需电缆线路配备专用光纤通道即可。图 4-20 所示为设计开发的内置以太网接口单板。

主时钟选择有两种方式，一种方案是变电站内配置支持 IEEE1588 的交换机，站内交换机做主时钟源，变电站出线的 DTU 接变电站内对时网络交换机，实现各个环网柜节点的同步数据采集，该方案需要变电站内配置支持 IEEE1588 的交换机，且站内交换机做主时钟源，DTU 内置交换机做从时钟。另一种方案是不依赖 IEEE1588 的交换机，任选一个 DTU 作主端，其他 DTU 作从端，利用光纤通道实现同步。

图 4-20　内置以太网接口单板

4. 集中式线路差动与就地式母线差动

采用基于基尔霍夫电流定理的电流差动保护在高压线路保护、母线保护中得到了广泛应用，是一种简单、理想的保护方案。输电线路差动保护仅需线路两侧同步电流信息，比较两侧电流实现输电线路的保护功能，母线保护根据流入、流出母线电流构成的差动区域，实现母线的保护功能。因此可根据配电网环网柜接线特点，采用配置集中式线路差动与就地式母线差动保护方案。

根据图 4-15 中双电源环网配电网电缆接线形式，建立差动保护区域模型，如图 4-21 所示。DG 是分布式发电，LD 是负载，Ln 是配网线路差动区域，Bn 是环网柜母线差动区域。Ln 线路差动区域同步采样变电站出线电流、环网柜 DTU 进线及出线电流，这些同步采样电流数据通过"手拉手"级连的专用光纤，连至集中式差动保护装置，从而实现配电网线路集中式差动保护功能。

Ln 配电网线路保护差动判据如下：

启动判据为

$$I_{\mathrm{d}} > I_{\mathrm{QD}} \tag{4-9}$$

比率制动判据为

$$I_{\mathrm{d}} > kI_{\mathrm{r}} \tag{4-10}$$

式中，I_{d} 为差动电流，$I_{\mathrm{d}} = |I_1 + I_2|$；$I_{\mathrm{r}} = |I_1 - I_2|$ 为制动电流；k 是制动比例系数；I_{QD} 为差流启动门槛。I_1，I_2 为环网线路两侧电流，采用线路两侧电流差的绝对值做制动量，可有效提高区内故障灵敏度。

对于就地的环网柜，为了减少集中式差动保护同步数据量，环网柜母线故障采

用 DTU 就地方式实现母线差动保护方案。Bn 是环网柜母线差动区域，其差动保护判据同式（4-9）和式（4-10），其中，$I_d = \left| \sum_{j=1}^{n} I_j \right|$；$I_r = \sum_{j=1}^{n} |I_j|$；$I_j$ 为母线上支路电流。

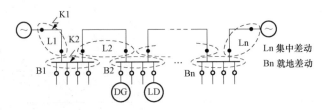

图 4-21　配电网接线差动保护区域模型

图 4-22（a）是 DTU 终端与集中式差动保护装置的物理连接，图 4-22（b）是保护逻辑框图。环网接线闭环运行时，若配电网线路发生故障，集中差动保护装置判别出故障，通知相应 DTU 跳故障线路两侧断路器；若环网柜母线发生故障，DTU 就地母线差动直接跳环网柜进出线断路器，以最快时间隔离故障。环网接线开环运行时，若配电网线路发生故障，集中差动保护装置判别出故障，通知相应 DTU 直接跳故障线路两侧断路器，集中差动保护装置在跳开后，通知相应 DTU 直接合分断开关，以最快时间隔离故障、恢复供电；若环网柜母线发生故障，就地母线差动直接跳环网柜进出线断路器，集中差动保护装置通知相应 DTU 直接合分断开关。

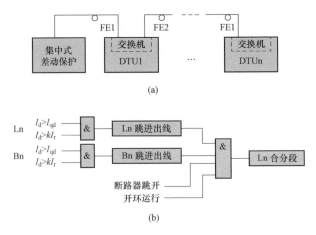

图 4-22　装置连接及保护逻辑框图
（a）DTU 与集中式保护装置"手拉手"连接；（b）保护逻辑框图

4.2.3　应用案例

图 4-23 所示为国家电网公司智能电网研究院微电网示范工程项目的主动配电网接线示意图，采用 10kV 双环接线方式。微电网部分：I 段低压母线（400V）接 300kW/ 600kWh 磷酸铁锂储能，450kW 光伏发电，负荷 720kW；II 段低压母线（400V）接 450kW 光伏发电，负荷 720kW；两段低压母线通过母联开关相连。工程采用 IEEE1588 网络时钟同步 DTU，配置集中式差动保护装置实现主动配电网的保护，通过光纤通信，实现主动配电网的保护案例。在环网供电方式下，事故发生后，集中式差动保护装置判断出事故区间，并进行事故隔离，同时将事故处理过程信息上送到自动化主站系统。

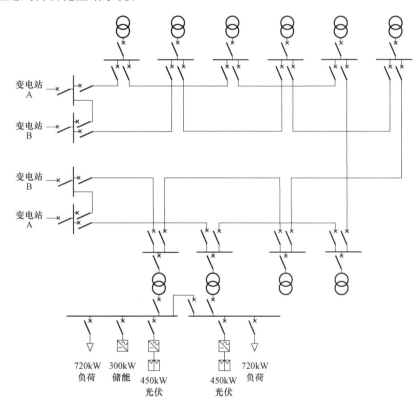

图 4-23　智能电网研究院主动配电网主接线图

图 4-24 所示为《珠海万山海岛新能源微电网示范项目》东澳岛微电网示范工程主接线图。该工程采用 10kV 电缆接线，其中柴油机发电 6×1000kW，风力发电 4×750 kW，储能 500kW/3000kWh（其中一期柴油机发电 2×1000kW，微电网独

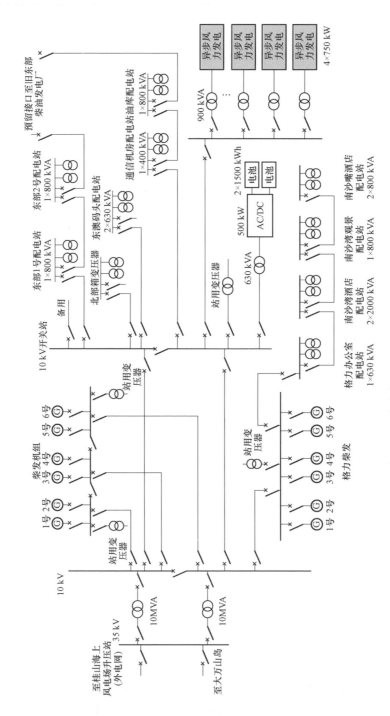

图 4-24 东澳岛微电网示范工程主接线图

立运行），工程采用基于光纤同步 DTU，配置微电网集中式保护装置，实现独立微电网的保护及控制。图 4 - 25 所示为上述两个工程采用的 DTU 及集中式保护装置实物图。

(a)　　　　　　　　　(b)

图 4 - 25 DTU 及集中式保护装置

（a）DTU；（b）集中式保护装置

这两个示范工程中 10kV 配电网采用电缆线，配电网保护均采用集中式的保护配置方案，由 DTU 和集中式保护装置配合，通过差动保护实现快速准确的故障定位和隔离。各 DTU 装置完成间隔数据采集，由集中式保护装置完成配电网数据的采集和控制，实现故障的快速隔离。图 4 - 26 所示为工程应用示意图。

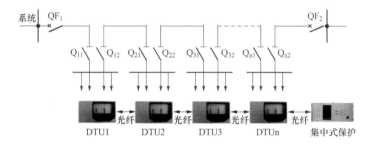

图 4 - 26 集中式保护工程应用示意图

第5章

分布式电源运行控制及运维系统

分布式电源接入配电网后，尽可能提高新能源的渗透率与保障配电网的安全稳定和最佳经济运行，是一对相互矛盾的问题。从配电网角度出发，应使分布式电源对配电网影响小，使分布式电源从无序接入到有序接入；从分布式电源角度出发，从限制或固定接入到即插即用接入，应使新能源发电效率最大化。为解决这一矛盾问题，需要建立分布式电源运行控制系统，以实现分布式电源的有序计划发电控制和有序计划优化调度。

5.1 分布式电源运行控制系统

目前提出的考核分布式电源接入配电网利用率的一个关键性指标为渗透率（Capacity Penetration，CP）：即分布式电源接入总容量与系统总负荷之比。但渗透率仅仅是从发电容量尺度来考虑分布式电源的利用程度，没有考虑 DG 的可接入运行时间尺度，如果 DG 的渗透率很高，但有效运行时间很少，也就是说发电量很少，则并不能代表新能源得到了有效利用。因此采用"发电量渗透率（Generating Capacity Penetration，GCP）"来评价 DG 的利用程度更合理，发电量渗透率定义为分布式电源发电量与总负荷用电量之比。

发电量渗透率从容量及时间两个尺度考虑了分布式电源的有效利用程度。目前普遍采用 CP 来考核分布式电源的利用情况，但由于配电网架构的差异，很难提出渗透率的具体标准指标。可能在有些配电网能够实现渗透率的 100% 接入，但有些配电网 DG 的实际接入连 10% 都达不到，这也是到目前为止国内外的标准没有对渗透率给出具体指标的原因。如何保证接入配电网 DG 的有效运行时间更长，有效发电量更多，是分布式电源更应该考虑的问题。

分布式电源具有分散广、地处偏远、运行环境恶劣、设备可靠性不高、运维工作量大等特点。设备故障无法及时发现，影响发电质量和经济效益，同时分布式电源运行效率缺乏理论分析依据，因此达不到最优化运行。目前分布式电源监视、控制、运维采用的方案，既有历史原因继承下来的通过监控系统上送信息，也有通过专用的并网接口装置上送信息。监控及其运维系统形式多样，接入系统架构不统一，导致对运维的要求、系统的配置要求都不规范，使分布式电源控制更加困难，同时也没有更多地考虑控制、运行维护的需求。

　　针对大量分布式电源分散接入配电网带来的运行、管理、维护分散等难题，本章节提出采用集中管理的方式对 DG 进行运行维护，以实现运行维护的即插即用。集中化管理体现在：区域级所有分布式电源的电气设备运行维护统一规划，采用同一个监控平台，分散的全景数据统一接入，所有运行设备运行状态在线监视，故障报警集中处理。

5.1.1　设备终端信息汇集

　　分布式电源接入配电网，电力电子设备实现能源转换，把所有的接入电气设备统称为电气设备终端，这些设备终端包括：①功率转换设备：实现电源之间转换，包括逆变器、变流器、充电机等；②安全互联装置：实现保护及安全隔离，满足电气互联要求，方便接入配电网，实现接入配电网即插即用；③信息互联装置：满足实时运行设备信息上送要求，实现控制及运维即插即用。

　　图 5-1 所示为分布式电源的功率转换设备、安全互联装置及信息互联装置示意图。信息互联装置不仅实现分布式电源的通信汇集，其信息接口还实现 BMS 等外部规约类型多样的智能设备的接入与信息转发，支持 IEC104、IEC61850、Modbus规约，同时支持串口、以太网通信方式采集数据。这些数据通过以太网口上送至分

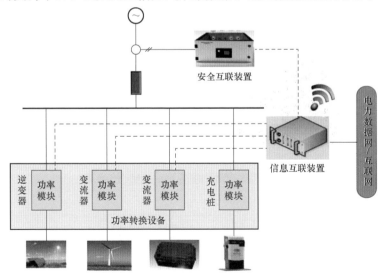

图 5-1　设备终端信息汇集

布式电源控制系统及运维控制系统，实现信息互联即插即用。

信息互联技术特征是"分布式电源＋互联网"，信息互联装置的另一功能是WiFi及二维码识别。通过移动终端扫描电气接入设备二维码，实现设备定值整定及运行状态监视。采用移动终端对电气设备调试整定，实现了非接触式的调试、运维检查、诊断，更能保证人身设备的安全，对安装在高处的电气设备，如柱上测控终端设备，免除了爬高及接触强电风险，操作更安全。

5.1.2 分布式电源运行控制系统

分布式电源运行控制系统可以作为配电网自动化系统的一个子系统，可以作为单独的分布式电源运行控制系统，也可以植入配电网自动化系统中。按接入不同分布式电源类型的功能实现不同分布式电源的有序接入和运行控制，功能包括：光伏发电控制，风力发电控制，储能控制，充电机控制。实现分布式电源从限制或固定接入到即插即用接入，以及从无序控制到有序控制，图 5-2 所示为分布式电源系统控制通信架构示意图。从信息互联装置汇集的设备终端信息通过 IEC 61850 规约进行上传；非 IEC 61850 规约的经信息互联装置统一转换成 IEC 61850 规约，上送到分布式电源控制系统。如果没有相应的分布式电源，则取消相应的控制功能，如：区域中没有风力发电，相应取消风力发电控制功能。图 5-3 所示为分布式发电控制功能，输入是预测信息，包括光伏发电预测、风力发电预测及负荷预测，从配电网角度考虑实现配电网的安全、经济运行，从分布式电源接入角度考虑实现发电效率最大化，通过光伏发电控制、风力发电控制、储能控制、充电机控制，达到综合有序控制，通过调节分布式电源出力及可控负荷（充电机）和储能实现配电网安全经

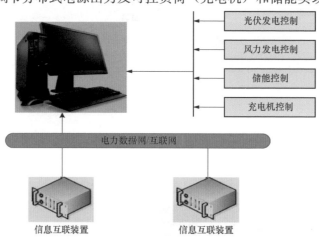

图 5-2 分布式电源系统控制通信架构

济运行，提高分布式电源接纳能力。

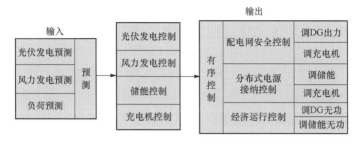

图 5-3 分布式电源控制功能

5.1.3 分布式电源运行维护系统

针对大量分布式电源分散接入配电网带来的运行、管理、维护分散等难题，分布式电源运行维护采用集中管理的方式，实现运行维护的即插即用。分布式电源运行维护系统架构如图 5-4 所示，分布式电源实时数据通过电力数据专网传输到运行维护系统，运行维护系统通过防火墙接互联网，通过移动终端远程访问分布式电源运行状况，其主要实现：①分布式电源实时数据及状态信息的监控；②大数据的统

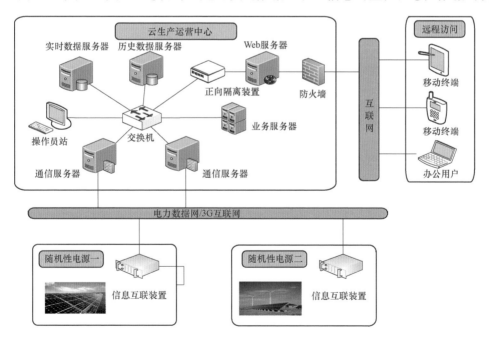

图 5-4 分布式电源运行维护系统架构

计分析；③故障预警及历史告警查询；④根据运行维护流程设计运行维护工作任务和工作票，以统一规范的方式有序开展运行维护工作。随着大数据、云计算的技术发展，分布式电源运行维护系统可采用基于云架构的运行维护系统。

分布式电源实时数据需同时汇总到分布式电源运行维护系统和控制系统，根据功能定位的不同对分布式电源运行维护系统与分布式电源控制系统分别进行设置。分布式电源控制系统是考虑一个配电网区域分布式发电控制，作为配电网自动化系统的一个子系统，而云运维中心是考虑多个配电网区域分布式发电运行维护。

分布式电源控制系统与分布式电源运行维护系统是两个独立的系统，它们之间信息不进行交互，在实际工程应用中可以根据需求设置，为分布式电源＋分布式电源控制系统，分布式电源＋分布式电源运行维护系统，分布式电源＋分布式电源控制系统＋分布式电源运行维护系统等不同的布置方式。

5.1.4 分布式电源（光伏）运行控制系统

分布式电源运行控制系统根据分布式电源对象不同，可单独使用，可也可组合使用，可为分布式光伏运行控制系统、分布式风电控制系统、分布式储能控制系统、分布式充电控制系统，可组合为分布式风光储综合控制系统使用。下面以分布式光伏控制系统为例，简要介绍分布式电源控制系统，其他系统与分布式光伏系统类同，不再专门介绍。

分布式光伏运行控制系统适用于分布式光伏发电集中控制，包括光伏发电监控、光伏发电功率调度控制 AGC、电压无功控制 AVC、光伏发电预测等，以实现高渗透率分布式光伏的接入控制。

1. 光伏发电监控

光伏发电监控系统需要对光伏发电系统中的光伏发电设备、并网逆变设备和交直流配套设备进行实时运行监控，同时需要对并网点电网状况、发电电能质量和电量进行统计分析，实现光伏发电的运行监控和发电控制。

光伏发电监控系统实时监测各种设备运行工况，对设备产生的异常信号在监控界面上进行声光信号的报警。监控系统还将实时监测电能质量指标，对电压、频率、功率因数、三相不平衡率、谐波含量等关键指标进行实时监控，确保发电系统能提供质量可靠的电能。光伏发电监控分为光伏发电 SCADA、发电统计、发电能量管理三部分。

光伏发电 SCADA：主要功能有数据采集与处理、事件与报警、光伏逆变器运行监控、光伏箱变运行监视、光伏汇流箱运行监视、电能质量监视。

发电统计：光伏发电量的统计与分析，包括当前发电量、日发电量、月发电量、累计发电量，累计 CO_2 减排量，发电功率统计与分析。

发电能量管理：包括本地控制的能量管理及远方调度的能量管理。其中本地控制的能量管理有本地控制的交换功率曲线控制、本地控制的有功出力平滑控制、本地控制的电压无功自动控制、本地控制的功率紧急支撑调度、本地控制的紧急停运调度等；远方调度的能量管理有远方调度的交换功率曲线控制、远方调度的功率紧急支撑调度、远方调度的紧急停运调度、远方调度的电压无功自动调度。图 5-5 所示为光伏发电监控一个界面，表 5-1 为光伏监控系统功能配置。发电能量管理的主要控制功能如下：

（1）交换功率曲线控制。

本地交换功率曲线控制：在并网运行方式下，按照本地已设置的交换功率曲线计划值，适当控制光伏发电出力，在保证电网内部经济安全运行的前提下按照指定交换功率运行。

远方调度有功功率调度控制：接受远方调度的功率定值或者功率曲线来调节本地发电功率，并在规定时间内调节完毕，远方下发的定值及曲线都会规定超期时间，当超过超期时间时，本地功率会自动恢复到正常运行状态。远方调度有功功率调度控制下发定值和曲线，根据需要确定计划类型。

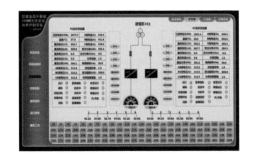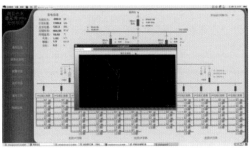

图 5-5 光伏发电监控一个界面

（2）紧急功率支撑控制。

本地紧急功率支撑：调度方式为本地调度，在急需大量功率支撑电网时可对光伏发电进行功率紧急支撑控制，光伏发电接收到该命令后会以最快速度最大化发电及最小化用电，以满足调度要求。

远方调度紧急支撑控制：调度方式为远方调度，当远方调度急需大量功率支撑电网时可对光伏发电进行功率紧急支撑控制，光伏发电接收到该命令后会以最快速度最大化发电及最小化用电运行，以满足调度要求。

（3）紧急发电停运控制。

本地紧急停运控制：调度方式为本地，以最快速度停止所有发电设备以满足调度要求。

远方调度紧急发电停运：当光伏发电接到远方紧急停运命令后，会以最快速度停止所有光伏发电以满足调度要求。

表 5-1　　　　　　　　　　　　光伏监控系统功能配置

功能分类	功能名称	功能分类	功能名称
SCADA	数据采集和处理	能量管理	本地控制——交换功率曲线控制
	数据库的建立与维护		本地控制——有功出力平滑控制
	控制操作		本地控制——电压无功自动控制
	报警处理		本地控制——功率紧急支撑调度
	画面生成及显示		本地控制——紧急停运调度
	在线计算及制表		远方调度——交换功率曲线控制
	系统自诊断和自恢复		远方调度——功率紧急支撑调度
发电统计	光伏发电监控、统计和分析		远方调度——紧急停运调度
			远方调度——电压无功自动调度

2. 光伏发电预测

光伏发电预测系统根据太阳能发电的原理，在气象预测数据的基础上，利用统计规律等技术和手段，结合历史发电数据、数值天气预报数据、实时气象采集数据、光伏发电设备运行工况，提前一定时间对光伏发电的有功功率进行分析和预报，通过建立光伏发电的发电预测模型，可预测未来 15min～4h 的超短期发电功率，以及未来 72h 的短期发电功率。

影响光伏发电的气象因素包括天气情况、季节变化、太阳辐射程度、云量、温度等，光伏预测算法基于历史气象资料（太阳辐射程度、温度等资料）和同期光伏发电量资料，采用统计学方法（如神经网络、向量机等相关算法）进行分析建模，再输入数值模式预报结果的动力—统计预报法，预测精度取决于对影响光伏发电量的关键气象要素、相关性分析以及气象预报准确性。光伏发电预测结构图如图 5-6 所示，输入的是数值天气预报和就地气象信息，根据短期预测模型及超短期预测模型进行预测，输出超短期功率预测及短期功率预测结果。

（1）超短期功率预测。

超短期功率预测的时间尺度为 0～4h。主要原则是根据地球同步卫星拍摄的卫星云图推测云层运动情况，对未来几小时内的云层指数进行预测，然后通过云层指

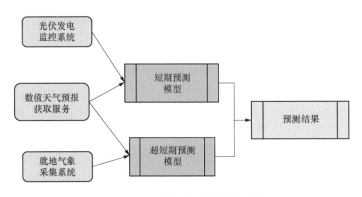

图 5 - 6　光伏发电预测结构图

数与地面辐照强度的线性关系得到地面辐照强度的预测值，再通过效率模型得到光伏发电输出功率的预测值。

图 5 - 7 所示为超短期光伏发电预测功率模型，通过直接获取的数值天气预报（主要因素为太阳辐射程度、温度）用来作为神经网络或向量机算法的输入，预测未来 0～4h 的发电功率，模型将预测的功率与实际功率进行回归分析，修正下一次的超短期预测结果。图 5 - 8 所示为 SOFT—8000 光伏发电系统在现场对一实际光伏发电系统的超短期光伏发电预测功率结果，曲线 1 为预测值，曲线 2 为实际值，预测每 15min 发电功率，最终可以实现超短期发电预测精度大于 90%。

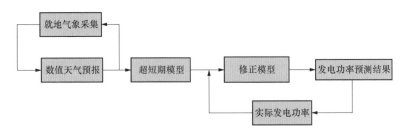

图 5 - 7　光伏发电预测超短期预测数学模型

（2）短期功率预测。

短期功率预测的时间尺度一般为 0～72h。一般需要根据中尺度数值天气预报获得未来 1～3 天内的数值天气预报（主要因素太阳辐射程度、温度），然后根据历史数据和气象要素信息得到地面辐照强度的预测值，进而获得光伏发电输出功率的预测值。

图 5 - 9 所示为短期光伏发电预测功率模型，通过直接获取的未来 1～3 天内的数值天气预报（主要因素太阳辐射程度、温度），历史就地气象采集数据，以及历

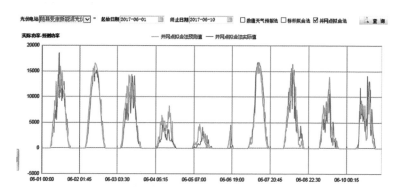

图 5-8　光伏发电预测超短期结果

史数值天气预报，进行数值天气预报修正，通过短期预测模型，预测短期光伏发电
输出功率，图 5-10 所示为现场实际短期光伏发电预测功率结果，曲线 1 为预测值，
曲线 2 为实际值，预测未来三天的发电功率，短期发电预测精度大于 85％（图中结
果大于 93％）。

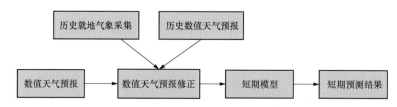

图 5-9　光伏发电预测短期预测数学模型

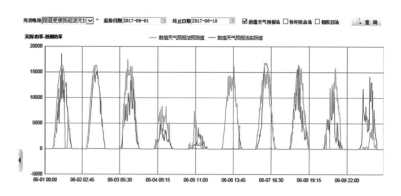

图 5-10　实际短期光伏发电预测功率

5.2 IEC 61850 在分布式电源中的应用

分布式电源具有发电方式灵活、不过度依赖电网运行状况、大量使用清洁能源等特点，符合目前节能减排、绿色能源、可持续发展的理念，但分布式电源的大量接入给电网运行带来了挑战，为确保含分布式电源的电网运行的稳定性、安全性和可靠性，需要对分布式电源设备和系统定义统一的通信和控制接口，以降低安装成本，简化分布式电源的部署实施和运行维护并提高电网运行的可靠性。

IEC 61850 Ed1.0 标准发布于 2004 年，名称为《变电站通信网络和系统》，由国际电工委员会（International Electro technical Commission，IEC）第 57 技术委员会（Technical Committee 57，TC57）负责制定，目的是将信息技术（Information Technology，IT）服务于电力系统，从而为变电站自动化系统提供通信标准，实现设备间的无缝连接和"即插即用"，"一个世界、一种技术、一个标准"是工业控制通信所追求的最终目标。

IEC 61850 Ed2.0 更名为《电力系统通信网络和系统》，突破了在变电站自动化应用领域，形成了一个丰富的标准体系，其中 IEC 61850 - 7 - 420 是针对分布式能源系统的通信标准，用于解决设备终端与控制中心的信息交换、与模型的转换、系统集成过程和一致性测试等。应用 IEC 61850 实现分布式发电与管理系统的互联、互通、互操作以及接入设备的即插即用，是建设和发展分布式发电的关键支撑技术。

5.2.1 IEC 61850 简介

为解决变电站自动化系统（Substation Automation System，SAS）中不同厂家 IED 之间无法互操作的问题，IEC TC57 制定了 IEC 61850 标准，标准第一版发布于 2004 年，被称为 IEC 61850 Ed1.0。该标准总结了国际上变电站自动化系统近 20 年的产品开发与应用经验，吸收了最新的 IT 技术成果，采用了面向对象建模、上层通信服务独立于底层通信协议等大量通用性技术。

发布 10 年来，IEC 61850 很好地解决了变电站自动化系统产品的互操作性和协议转换问题，使变电站自动化设备具有自描述、自诊断的特性，方便了系统的集成，降低了变电站自动化系统的工程费用。

IEC TC57 与各标准化组织合作通过对已有国际标准的修订以及相关技术报告、技术规范的起草工作不断推进 IEC 61850 技术向前发展，以满足智能电网的应用需求。IEC 61850 Ed2.0 相关文件以国际标准（International Standard，IS）和技术报告（Technical Report，TR）形式发布，其中 IEC 61850 - 7 - 420 是分布式电源通信系统标准，IEC 61850 - 9 - 7 是逆变器应用 IEC 61850 对象模型技术文件，图 5 - 11 所示为 IEC 61850 标准框架。

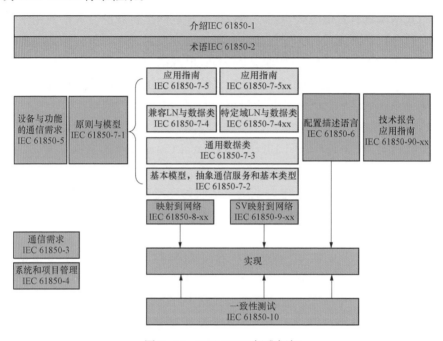

图 5 - 11　IEC 61850 标准框架

5.2.2　分布式电源与 IEC 61850

分布式电源接入设备种类繁多，当采用传统的通信协议时，需要人工配置并核对信息点表，安装调试与维护的工作量大，迫切需要解决即插即用问题。即插即用就是分布式电源接入后，能够被主站（分布式电源管理系统）自动发现，主站自动接收其上传的数据模型配置信息，并根据配置信息自动完成主站数据库关于该设备的配置信息。

专家学者提出了智能配电网、主动配电网等概念来解决分布式发电大量接入以及对配电网运行的新要求，实质都是将二次信息系统与一次配电系统进行高度集成与融合，实现配电网的信息化、自动化、互动化以及智能化，而实现信息化的基础是信息模型与信息交换方法。现有电力系统的通信协议采用信息点表的方式组织数据，缺少对数据的来源以及其他数据关系的描述，无法实现设备与系统之间自动的关联、互通、互操作与即插即用，安装调试工作量大。

应用 IEC 61850 实现分布式发电设备与自动化系统的互联、互通、互操作以及分布式电源的即插即用，是推进分布式电源建设的重要支撑。IEC 61850 标准是目前电力事业领域中主流的通信协议，可将不同类型的设备有效地集成到系统中。另外，IEC 61850 定义了 IED 的信息模型和信息交换方法，不仅可实现 IED 与系统主站之间的通信，还可以实现 IED 之间的通信，其开放性的通信方式有利于分布式发电的运行管理，从而提高配电网的稳定运行控制水平。

IEC 61850 - 7 - 420 标准针对分布式能源的监控需求，涵盖分布式能源的管理、单元控制器、发电系统、电池监视、联网等应用，可支持热电联产、光伏、储能等多种分布式能源的监控，对设计、测试以及实现分布式电源通信及控制接口有着重要的指导作用目前，IEC 61850 - 7 - 420 标准应用于分布式电源的研究主要集中在模型构建、模型映射与融合等方面。

IEC 61850 - 90 - 7 是分布式能源系统应用 IEC 61850 技术指南，该指南针对光伏、储能等分布式能源系统进行了全面介绍，分析了基于逆变器的分布式能源系统的各种运行和控制模式。然后以运行模式和控制方式为需求，讨论了分布式能源系统的 IEC 61850 建模问题。最后分析了紧急控制、电压—无功控制、频率控制、电压管理等各业务类型的 IEC 61850 建模问题。每一项都给出了所使用的逻辑节点，并根据需要对 IEC 61850 - 7 - 4 和 IEC 61850 - 7 - 420 定义的逻辑节点进行了扩充和新增。

IEC 61850 - 90 - 15《采用 IEC 61850 的分布式能源集成》技术报告为 DER 和电网运营商间的相互作用提供了通用信息模型，图 5 - 12 所示为 DER 集成 5 层设备架构，从下至上分别为过程层、现场层、站控层、运行层、企业层。基于这五层架构，并引入 DER 单元、DER 单元控制器、DER 系统、企业 DER 管理系统等概念，形成了 DER 接入配电网自动化系统的整体架构。

5.2.3　即插即用

即插即用是为了缩短分布式电源的投入时间，简化工程实施和运行维护，减轻人力成本和工作量，同时满足通信及控制的要求。实现即插即用首先需解决终端 IED 与主站间的应答和识别机制，实现 IED 的自动注册及系统自动发现 IED，从而实现终端的即插即用功能。

自动发现机制包括自动注册（Register）和自动发现（Discover）两种，如图 5 - 13所示。

1. 自动注册

新的 IED 投入运行后，主动向主站发送注册信息，主站接收 IED 的注册信息

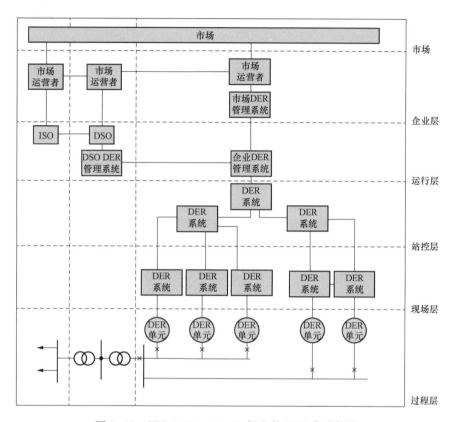

图 5-12　IEC 61850-90-15 提出的 DER 集成架构

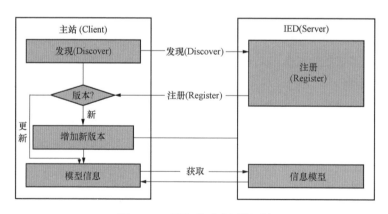

图 5-13　IED 发现/注册机制

后，查询 IED 的通信与配置、通信地址等相关信息。如果终端已配置好 IED 实例配

置文件（Configured IED Description，CID），则召唤 IED 的相应 CID 文件，根据上传的 CID 文件配置主站数据库的 IED 信息。如果终端没有配置 IED 文件，主站则将 CID 文件下载给 IED，IED 根据 CID 文件组织测控信息。当在现场更新 IED 的配置信息后，也是采用 Register 的机制主动通知主站。

2. 自动发现

主站发送 Discover 命令，新接入的 IED 在接到 Discover 命令后发送 Register 信息，然后根据其自身是否已配置 CID 文件向主站发送或从主站接收 CID 文件；对于已安装的 IED 则向主站发送配置版本信息，主站根据接收到的配置版本信息，判断 IED 的 CID 文件是否已更新，如果已更新，则召唤更新后的 CID 文件。

5.2.4　IEC 61850 应用挑战

IEC 61850 应用于分布式发电能够给各方带来诸多益处，符合技术发展方向，但还需要解决一系列关键技术问题。

1. 架构问题

IEC 61850 从网络通信及设备功能角度提出了变电站自动化系统三层设备的架构，即站控层设备、间隔层设备和过程层设备，分布式发电不能照搬该架构方式，需要根据实际情况设计出合适的架构，目前，国内外都在开展这方面的工作。

2. 终端设备即插即用

为简化分布式发电的工程实施与维护，相应设备及系统需要支持即插即用功能，这就要求基于 IEC 61850 的 ACSI 补充和丰富有关数据模型，设计出合理的应答与识别机制来支持终端设备即插即用。

3. 与主站系统的信息交互与协调

目前，我国电力系统的控制中心数据模型都是基于 IEC 61970/IEC 61968 建立的，分布式发电终端设备需要基于 IEC 61850 建立的模型，因此与控制中心的 IEC 61970/IEC 61968 模型之间需要转化与协调，此外还要与管理系统进行信息集成。

4. 系统集成过程

IEC 61850 - 6 Ed2.0 所定义的文件格式与模板都是基于变电站自动化系统特点设计的，不能直接应用于分布式发电系统中。

5.3　基于物联网的分布式电源运维方案

5.3.1　分布式电源运维分析

分布式电源运维水平不仅关系到设备能否长期正常稳定运行，还关系到运行的成本、投资的价值以及最终收益；投资业主关注其投资回报率，希望减少故障运行时间，从而快速收回成本；电网运营企业关注其对电网造成的影响，并制定了相关标准规范其接入，提高设备接入电网的友好性；用户（同时也可能是投资业主）更加关注其应用的安全性和可靠性。因此分布式电源运行维护水平对新能源的发展有很大的影响。随着新能源的不断发展，分布式电源接入设备的数量越来越庞大，地域也更为分散广阔，通过人工定期或不定期的巡检运维方式不适应其发展水平，表现为费时费力、维修不及时、运维水平不高，不能有效提高分布式电源的利用水平。

物联网是一个将全球定位系统、传感器网络、条码与二维码设备以及射频标签阅读装置等信息传感设备，按照约定的协议通过各种接入网与互联网结合起来而形成的一个巨大的智能网络。物联网是实现物与物之间、人与物之间互联的信息网络，能够提供以机器终端智能交互为核心的、网络化的应用与服务，图 5-14 所示为物联网模型示意图。物联网能够对整个网络内的人员、机器、设备和基础设施实施实时管理和控制，实现更加精细和动态的方式管理生产和生活，从而使整个系统达到"智慧"状态，以提高资源利用率和生产力水平。

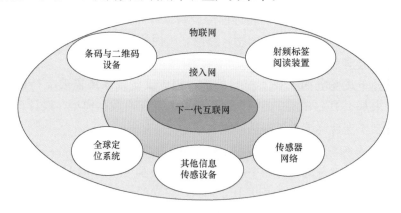

图 5-14　物联网模型

分布式电源的运行维护包括能够追踪设备的投运、维护（维修）、退出运行等阶段，物联网技术通过对设备进行统一命名实现，并将设备信息及运行工况上传至云运维中心，进行对设备的身份进行识别、定位并维修，实现设备全生命周期的管理。

1. 设备的自动识别

自动识别技术是物联网涉及的众多技术之一，利用其中的语音识别技术、条码识别技术、射频识别技术等可以对分布式电源设备设置具有唯一数字编码或可辨特征的标识，使得设备在运维过程中能够被快速有效地识别。

2. 设备的精确定位

定位技术是物联网涉及的另一种技术，利用卫星定位、无线电波定位、传感定位等可对分布式电源设备进行快速精确的定位。

3. 满足即插即用及海量运维

通过物联网将设备与云运维中心进行互连，以实现海量分布式电源接入设备的智能运维，进而实现设备投入运行的即插即用，从而减少运维人员规模，并提高设备运维的效率，满足投资业主、用户以及电网运行方的需求，推进分布式电源的建设。

4. 满足全生命周期管理

将物联网技术应用于分布式电源设备的全生命周期管理中，以提高设备利用率，实现分布式电源设备全生命周期管理自动化、智能化。

5.3.2 即插即用运维技术

在物联网的世界，每个设备都有唯一的物联网址（IP 地址），它是数字世界的身份标识，标识特征与编码的唯一性与统一性在物联网的运行中非常重要。设备唯一性标识可以是图象识别、语音识别、条码识别、射频识别、磁识别、生物特征识别等。有时为了满足实际应用的需要，可能将几种识别方式并用。考虑到二维码具有标识成本低的优点，可采用自动识别技术通过设置设备的二维码作为设备的唯一性标识，图 5-15 所示为设备标识二维码。

图 5-15 设备唯一性标识

设备的"即插即用"是指新的设备投入运行后，云运维中心可自动识别新接入的设备，并对新设备加以管理，图 5-16 所示为分布式电源云运维中心。"即插即用"主要体现为应用的及时性，是指对新添加设备自动和动态识别，包括初始安装

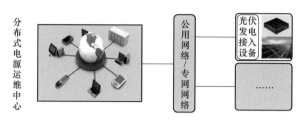

图 5-16　分布式电源云运维中心

时自动识别、运行中改变的识别以及退出的自动识别。分布式电源运维的即插即用是指对于云运维中心来说，投入运行即可自动识别并进行动态监控，无需繁杂的物理配置以及提前通知；分布式电源投入运行后，用户无需手动配置的情况下，云运维中心能够自动识别新接入的设备，并对设备加以管理；通过规定接入设备编码的唯一性（可将设备编码简单的比作手机号码），投入运行后与云运维中心主动连接，即可进行身份自动识别，报告位置信息及设备运行工况，该功能类似于手机插上手机卡就可以使用。

　　由于分布式电源接入设备编码唯一，当设备投入运行后，主动连接云运维中心并进行身份识别及确认，在网络连接状态正常时上送设备工况及定位信息并接受管理，可实现设备接入运维的即插即用，如图 5-17 所示。地理信息系统（Geographic Information System，GIS）是结合地理学与地图学以及遥感和计算机等交叉的学科，是对地球上存在的现象和发生的事件进行成图和分析，把地图这种独特的视觉化效果和地理分析功能与一般的数据库操作集成在一起。云运维中心将分布式电源

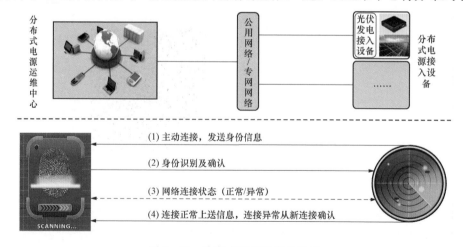

图 5-17　分布式电源的身份识别

上送的位置信息（由 GPS 或北斗定位设备的经度与纬度信息、高度信息）与 GIS 进行融合，可对设备在现实地理场景进行展示，实现设备在地理空间的快速精确定位和设备真实环境定位的即插即用，如图 5 - 18 所示。

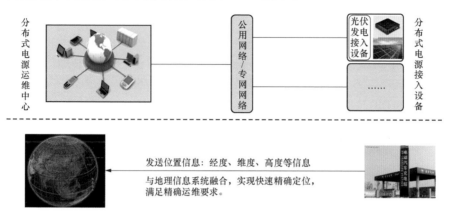

图 5 - 18　分布式电源接入设备位置的定位原理图

5.3.3　分布式电源预警评估

现行的运维方法是建立在总结以往工作经验的基础上，通过统计运维记录的类型、处理方法，对系统实施定期或不定期的人工巡检工作，来保证设备的安全和系统稳定。然而，随着分布式电源建设规模的扩大化与分散化，这种运维方法的缺点愈发明显，主要表现为：巡检不到位、漏检、检修不及时；手工填报巡检结果效率低、容易漏项或出错；管理人员难以及时、准确、全面地了解系统状况，难以制定最佳的保养和维修方案，也阻碍了分布式电源的进一步发展。分布式电源预警评估方法结合了设备健康评估与物联网技术，将设备状态信息及维修记录通过物联网及时发送至云运维中心，运维预警专家系统依据健康评估模型对设备健康状况评估，若设备健康指标低于健康指标下限，将进行相应的预警提醒。

1. 健康评估模型

分布式电源健康评估模型有四个维度，包括设备寿命、设备故障（故障类型、维修次数及维修人员）、设备告警（告警类型及次数）、使用频率（或正常运行时间）。其中设备寿命是基准，其他三个维度进行融合分析得出设备近期可能发生某种或某几种故障的概率，并通过与设备预期寿命进行加权得出设备健康评估报告，具体包括四个方面：设备预期寿命、告警与故障之间的关联度、使用频率与故障之间的关联度、使用频率与告警之间的关联度，图 5 - 19 所示为多维度分布式电源接

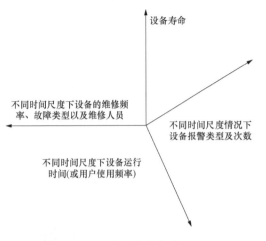

图 5-19 多维度分布式电源
接入设备预警评估模型示意图

入设备预警评估模型。

2. 设备预期寿命

健康评估模型以设备预期寿命（简称为 Lexp）为基准参考，它与设备使用年限（简称 Lage）、设备的使用频率［按照不同的时间尺度计算，t 为时间尺度，简称为 $F_{freq}(t)$］及故障维修情况（按照不同的时间尺度计算，维修频率简称为 $F_{rec}(t)$）有直接的关联，设备设计寿命简称为 L_{desi}，设备预期使用寿命为

$$L_{exp}(t) = \frac{L_{desi} - L_{age}}{1 + F_{freq}(t) + F_{rec}(t)}$$

(5-1)

3. 告警与故障之间的关联度分析

分布式电源投入运行后将根据运行情况上送告警信息，告警信息包括设备故障告警等信息；正常运行情况时上送普通告警信息，不影响设备的正常使用，健康评估模型通过分析上送告警类型 A_{type}（按照不同的时间尺度计算发生频率：$R_{freq}(t)$）与设备维修故障类型 T_{type}［故障类型 T_{type} 的维修频率：$M_{freq}(t)$］之间的关系可甄别哪种告警类型的发生最可能引起设备故障，比如针对某一设备的告警历史记录发现：告警类型 A 上送 2 次就引起设备故障类型 T 发生的频率很高，可以推断告警类型 A_{type} 与故障类型 T_{type} 的关联度很高，关联亲密系数 C_{rel}（A_{type}，T_{type}）；通过分析提高基于设备状况进行提前预警维修的准确度，避免无谓检修或者过度检修。某一时间段内告警类型 A_{type} 上送后故障 T_{type} 发生的概率 P_{occur}（T_{type}，A_{type}）为

$$C_{rel}(A_{type}, T_{type})(t) = \frac{A_{type}[R_{freq}(t)]}{T_{type}[M_{freq}(t)]}$$

(5-2)

$$P_{occur}(T_{type}, A_{type})(t) = A_{type}[R_{freq}(t)] * C_{rel}(A_{type}, T_{type})$$

(5-3)

4. 使用频率与设备故障的关联度分析

分析设备的使用频率 U_{freq} 与发生故障类型 T_{type} 之间的关系主要是为了发现设备易发生故障的环节，并获得故障类型与使用频率之间的关系，提高维修预警的准确度，缩短维修时间，并以设备使用频率为基准提出维修健康预警。故障类型与使用频率的关联亲密系数为 C_{rel}（T_{type}，U_{freq}）［该系数根据设备历史记录分析获得，它与某段时间内由该故障引起设备的维修频率成正比，与该段时间内使用频率成反比，是一个相对固定的值，比如根据历史时间 t_h 内计算出 C_{rel}（T_{type}，U_{freq}）（t_h），

某时间该设备发生故障类型 T_{type} 的概率 P_{occur}（T_{type}，U_{freq}）与设备使用频率之间关系为

$$C_{rel}(T_{type},U_{freq})(t_h) = \frac{T_{type}\left[M_{freq}(t_h)\right]}{U_{freq}(t_h)} \qquad (5-4)$$

$$P_{occur}(T_{type},U_{freq})(t) = U_{freq}(t) \cdot C_{rel}(T_{type},U_{freq}(t)) \qquad (5-5)$$

5. 使用频率与设备告警的关联度分析

分析设备使用频率与告警之间的关系主要是为了获得设备使用过程中易发生误操作的习惯，通过修正用户操作规程或改进设备防止误操作报警；同时根据设备使用频率调整告警类型排序等。某一段时间内告警类型的级别 L_Atype 与使用频率 U_{freq} 之间的关系（$L\_A_{type}\_N$ 指原有告警级别）为

$$L\_A_{type}(t) = \frac{L\_A_{type}\_N}{U_{freq}(t)} \qquad (5-6)$$

6. 分布式电源设备维修预警专家系统

维修预警专家系统根据设备维修历史信息及设备运行情况，分析设备的健康情况，维修人员最为关注设备寿命及设备故障，若设备预期寿命为零或者负值表明设备已报废，建议尽快更换或拆除；设备故障发生概率主要与设备寿命、使用频率、维修频率有关，若分析得出设备发生某故障的概率大于 80％，专家系统将设备地理位置信息及预发生故障的类型推送至运维人员并提前维修。

5.3.4　分布式电源运维检修流程

电子化的运维检修流程可实现设备的全生命周期管理，减少运维人员规模，满足了投资业主、用户以及电网运行方的需求。预警专家系统依据多维度的健康评估模型定期给予设备健康评价，将评价结果上送到云运维中心。如果评价结果低于合格值，云运维中心便将可能发生故障类型及概率、设备位置等传送给运维人员，方便对设备进行提前维修，如图 5-20 所示。

云运维中心通过移动互联网将故障告警（或维修预警信息）及故障设备位置推送至运维人员，运维人员依据这些信息便可提前进行备品备件，按照位置信息精确定位发生故障的设备，然后通过手持终端进行设备确认并维修。维修完成后，运维人员需准确上报设备故障类型及维修时间至云运维中心，预警专家系统通过维修历史记录结合预警评估模型进一步提高故障预警的水平（包括对运维人员的考核等），从而改进预警评估方法并提高运维水平，图 5-21 所示为分布式电源设备故障维修流程。

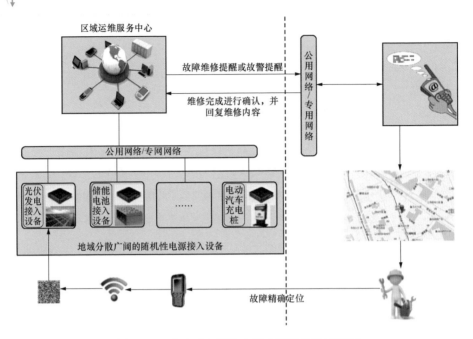

图 5-20　分布式电源接入设备运维检修原理图

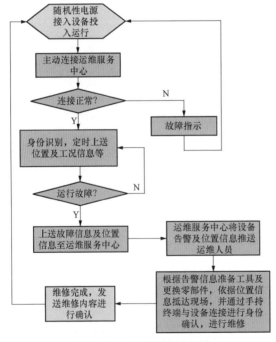

　　基于物联网的即插即用运维方案通过结合物联网技术与分布式电源运维技术,实现海量的分布式电源接入设备的智能运维,以及接入设备运维的即插即用,能够及时准确掌握区域分布式电源接入设备的运行状况,进行健康评估并提前预警维修,形成一套电子化的分布式电源接入设备运维检修流程,提高分布式电源的运维水平。

图 5-21　故障维修流程图

第6章

分布式电源并网运行与工程应用

6.1 多能互补主动配电网示范工程

6.1.1 工程简介

亿利多能互补主动配电网示范工程，是国家能源应用技术研究及工程示范项目，由北京亿利智慧能源科技有限公司承担建设。

该工程位于北纬40.67°、东经106.30°的内蒙古鄂尔多斯杭锦旗独贵镇库布其沙漠公园内，景区规划面积889公顷，其中水域面积114.6公顷，芦苇湿地面积40.7公顷，草原面积380公顷，沙漠面积383.7公顷，太阳能年总辐射量在1342～1948kWh/m² 之间，年日照时数在2600～3400h之间，是全国光照高值地区之一。

工程内容包括：新建地面电站150kWp、光伏车篷50kWp、分布式储能系统190kWh、集中储能410kWh、交直流充电桩15台、微电网及主动配电网软硬件系统及土建等配套工程。同时，工程修复现有250kWp光伏电站，对内燃发电机并网和余热回收进行改造。

图6-1所示为国际会议中心和七星湖酒店两种建筑，选取三个电力负荷区，建设包含三种不同类型微电网的主动配电网系统。系统包括多种分布式电源，其中光

(a)   (b)

图6-1　七星湖酒店和国际会议中心

(a)（库布其沙漠）国际会议中心；(b) 七星湖酒店

伏发电装机规模 400kWp，内燃机发电装机规模 1600kW，集中式储电和分布式储电装机容量 600kWh；同时示范系统包含多种分布式冷热源：空气源热泵、水源热泵、热水锅炉、蒸汽锅炉、内燃发电机余热回收装置、水蓄热等，总装机规模不低于 6500kW；交流充电桩、直流充电桩 15 台，满足 5 万多平万米建筑冷、热、电用能需求及电动汽车充电需求。

如图 6-2 所示，在七星湖酒店和国际会议中心两个不同功能建筑群位置设立 3 个微电网节点区域，其中 1、2 号微电网由 911 进线和 912 进线两路供电，主要包含酒店的负荷；3 号微电网由 912 进线供电，主要包括会议中心的负荷。

各分布式电源发电经过控制变换后在交流 0.4kV 侧汇流，给微电网供电，然后通过 0.4/10kV 升压变压器升压后并入公共电网。

图 6-3 所示为亿利多能互补主动配电网系统功能图，主动配电网能量管理系统通过对光、柴、储、负荷等各个环节进行统一的监视、控制、管理与调度等，并网运行时最大限度消纳分布式电源、提高供能经济性及供电质量要求，离网运行时保证负荷供电及稳定运行，同时能够监控热泵机组的运行状态、机组负荷、供回水温度、流量、水源侧进出温度、机组耗电量等，实现优化供能。

1.1 号微电网

1 号微电网位于七星湖酒店 1 号配电室，属于交直流混合微电网，其直流母线为 750V，交流母线为 400V。交流母线与直流母线间通过 100kW 的 DC/AC 潮流协调控制器相连，交流母线通过 PCC1 接配电变压器低压侧，通过 QF3 与 2 号微电网相连。直流母线接 50kW 的 DC/DC 直流储能变流器，配置 30kWh 锂电池；接 50kW 的 DC/DC 光伏变流器，配置光伏电池 50kWp；以及 30kW 的 DC/DC 快充直流充电机一台。4 台 7kW 慢充交流充电桩接于交流母线；配置 1600kW 柴油发电机组作为备用电源；负荷主要为空调、水泵、锅炉等，冬季最大 900kW，夏季负荷为 600～700kW。

图 6-4 所示为 1 号微电网设备控制室全景图，图 6-5 所示为 1 号微电网中的光伏变流器和储能变流器。

2.2 号微电网

2 号微电网位于七星湖酒店 2 号配电室，属于交流微电网，其母线电压为 400V，通过 PCC2 接配电变压器低压侧，通过 QF4 与 3 号微电网相连。交流母线接 250kW 的 DC/AC 光伏逆变器，配置 250kWp 光伏电池；接 100kW 的 DC/AC 交流储能变流器，配置 60kWh 锂电池，2 台 30kW 的 DC/AC 快充直流充电机以及 8 台 7kW 慢充的交流充电桩；主要为酒店照明、厨房、消防等重要负荷供电，夏季负荷 500kW，冬季 200kW；其中一级负荷 60kW，其他为二级负荷。

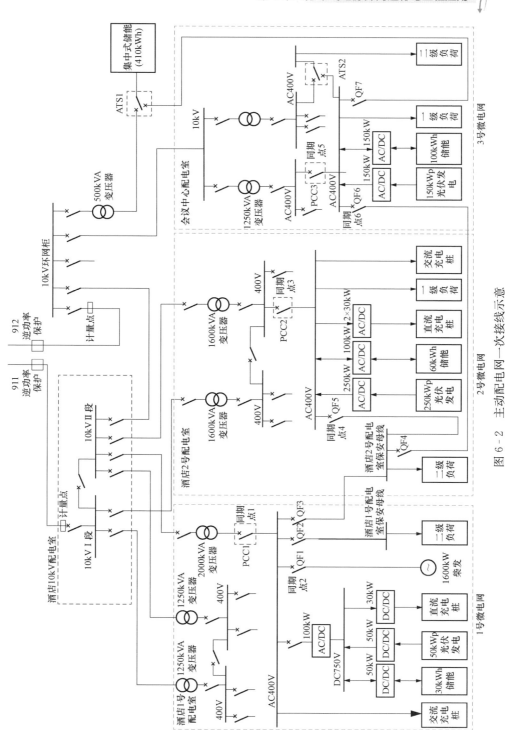

图 6 - 2 主动配电网一次接线示意

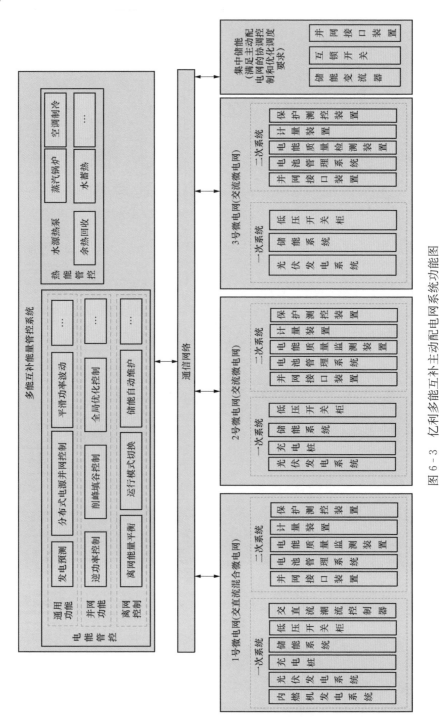

图 6 - 3　亿利多能互补主动配电网系统功能图

图 6-4　1 号微电网设备控制室

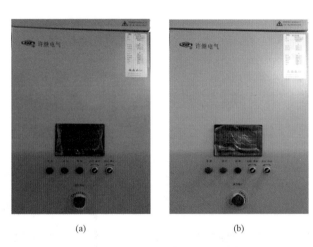

(a)　　　　　　　　　　(b)

图 6-5　1 号微电网中的光伏变流器和储能变流器

(a) 光伏变流器；(b) 储能变流器

　　图 6-6 所示为 2 号微电网设备控制室全景图，图 6-7 所示为 2 号微电网中的储能变流器及其内部结构图。

图 6-6　2 号微电网设备控制室

图 6-7 2 号微电网中的储能变流器及其内部结构

3. 3 号微电网

3 号微电网位于国际会议中心，属于交流微电网，其交流母线为 400V，通过 PCC3 接配电变压器低压侧，交流母线通过 QF7 与集中储能相连。交流母线接接 150kW 的 DC/AC 光伏逆变器，配置 150kWp 光伏电池；接 150kW 的 DC/AC 交流储能变流器，配置 100kWh 锂电池；该微电网系统的一级负荷约为 100kW，二级负荷 300kW。

图 6-8 所示为 3 号微电网设备控制室。

图 6-8 3 号微电网设备控制室

4. 集中储能

集中储能交流母线为 400V，接 500kW 的 DC/AC 交流储能变流器，储能电池采用 410kWh 锂电池；通过 ATS1 选择经一台升压变压器接入国际会议中心附近 10kV 环网柜或接入 3 号微网。

6.1.2 电力电子电源控制

1. DC/AC 电源转换

DC/AC 电源转换根据应用场景不同来选择不同的控制模式，见表 6-1。

表 6-1　　　　　　　　　　　DC/AC 电源模块应用场景及控制方式

	应用场景	控制模式	能量流动方向
DC/AC 模块	光伏逆变	P/Q 控制	单向
	储能变流	VSG 控制	双向
	充电机	P/Q 控制	双向
	潮流控制器	V 或 V/f 控制	双向

1 号微电网：100kW 潮流协调控制器 DC/AC，主要有以下功能。

（1）交流电网正常连接时，交流微电网与电网并网运行；潮流控制器采用直流电压控制模式（V 控制），用来稳定直流微电网的母线电压，保证直流微电网稳定运行。

（2）交流电网断开时，潮流控制器的具体工作状态有以下几种情况：①选择交流微电网来稳定交流侧母线电压时，潮流控制器采用 V 控制方式稳定直流微电网的母线电压。②选择直流微电网的一个储能 DC/DC 模块来稳定直流侧母线电压时，潮流控制器采用 V/f 控制方式稳定交流微电网的母线电压。

2 号微电网：250kW 光伏逆变器 DC/AC 模块采用恒功率控制模式（P/Q 控制）方式单向并网发电，应用于光伏发电系统，构成光伏逆变器；100kW 交流储能变流器 DC/AC，采用虚拟同步发电机控制模式（VSG）构成储能变流器，并网时可接受功率调度，离网可作为电压源运行；30kW 快充直流充电机 DC/AC，采用 P/Q 控制方式构成充放电设备，实现储能电池与电网之间的能量双向流动。

3 号微电网：150kW 光伏逆变器 DC/AC 模块采用恒功率控制模式（P/Q 控制）方式单向并网发电；150kW 交流储能变流器 DC/AC 采用虚拟同步发电机控制模式（VSG）构成储能变流器，并网时可接受功率调度，离网可作为电压源运行。

集中储能：500kW 交流储能变流器 DC/AC 采用虚拟同步发电机控制模式（VSG）构成储能变流器，并网可接受功率调度，离网可作为电压源。

2. DC/DC 电源转换

1 号微电网：50kW 直流储能变流器 DC/DC，通过电流控制模式（I 控制）对蓄电池进行充放电，平衡系统与负荷功率，亦可通过电压控制模式（V 控制）进行离网运行，并实现二者的快速切换，保证切换过程中电压的稳定性、切换的快速性以及整体的协调性；50kW 光伏变流器 DC/DC，通过功率控制模式（P 控制）并以最大功率接至直流母线；30kW 快充直流充电机 DC/DC，通过电流控制模式（I 控制）对电动车进行充放电。不同控制模式见表 6-2。

表 6 - 2 DC/DC 电源模块应用场景及控制方式

	应用场景	控制模式	能量流动方向
DC/DC 模块	光伏变流	P 控制	单向
	储能变流	V/I 控制	双向
	充放电设备	I 控制	双向

3. 储能变流器 DC/AC 与光伏逆变器 DC/AC 配合控制

工程采用无通信互联技术实现微电网离网能量平衡控制，储能变流器 DC/AC 根据 SOC 自动调节下垂曲线；光伏逆变器 DC/AC 根据系统频率自动调节自身有功出力，技术原理详见 3.7.2 移频控制技术。

4. 公共连接点控制

1、2、3 号微电网公共连接点分别是 PCC1、PCC2、PCC3。公共连接点配置相同的并网接口装置，并网接口装置设计在低压开关柜中，如图 6 - 4、6 - 6 所示。其主动式孤岛原理在 3.1 中有所介绍；并网接口装置可用于保护 380V 母线，以及当配电网故障时，实现微电网与配电网的故障隔离，同时也是微电网内部并网点保护，配置的保护功能有过流保护、主动孤岛保护、被动孤岛保护（过/欠压保护、过欠频保护等）等。

6.1.3 多能互补微电网群运行模式切换控制策略

多能互补主动配电网示范项目中，微电网运行模式切换控制策略由微电网群能量管理系统制定，并通过测控装置、安全并网装置及电力电子设备执行。安全并网装置、测控装置和电力电子设备按照制定的切换策略，实现微网群不同运行方式的切换，充分发挥各子微电网之间的协调互济作用，保证微电网内部各组成部分的安全合理工作。

1. 计划性并离网模式切换控制策略

（1）计划性并网转离网模式切换。

如图 6 - 2 所示，3 个子微电网的独立并网运行是初始运行模式。1 号微电网中，大电网做主电源，提供稳定的交流电压和频率，其他分布式电源处于并网发电状态，并网开关 PCC1 闭合，QF3 和 QF4 闭合，1 号微电网通过酒店 2 号配电室给就近二级负荷供电，柴油发电机处于停机状态。2 号微电网中，大电网做主电源，给其他分布式电源提供电压和频率支撑，其他分布式电源处于并网发电状态，PCC2 点闭合，联络开关 QF5 断开。3 号微电网中，大电网做主电源，给其他分布式电源提供电压和频率支撑，PCC3 点闭合，联络开关 QF6 断开，QF7 断开，双电源自动转换开关 ATS2 闭合于 AC400V 母线，3 号微电网通过 ATS2 给二级负荷供电；410kWh 集中式储能通过双电源自动转换开关 ATS1 和 500kVA 变压器低压侧，实现大电网的削峰填谷和改善电能质量的功能。

按照负荷不间断供电的原则，执行计划性并网转离网时，执行如图 6-9 所示的计划性并转离控制逻辑。

（2）计划性离网转并网模式切换。

如图 6-2 所示，3 个子微电网离网运行是初始运行模式，3 个子微电网作为一个整体联合运行，均以柴油发电机做主电源，支持整个微电网的电压和频率，保障系统稳定运行。其中 1 号微电网的 PCC1 点断开，开关 QF1 闭合，QF2，QF3 和 QF4 闭合，100kW 潮流控制器稳定 750V 直流侧母线电压，其他分布式电源通过 DC/DC 变换器工作于电流源模式。2 号微电网中，PCC2 点断开，通过 FCK-801 微机测控装置控制 QF5 同期闭合，储能、光伏和交流充电机工作于交流侧 P/Q 模式；3 号微电网中，PCC3 断开，通过 FCK-801 微机测控装置控制 QF6 同期闭合，QF7 闭合，410kWh 集中式储能根据系统需要通过 QF7 给整个离网系统提供必要的功率补充。ATS2 闭合于 AC400V 母线。

根据主控层的指令或现场试验及其他需求，按照负荷不间断供电的原则，执行计划性离网转并网时，执行如图 6-10 所示的计划性离网转并网控制逻辑。

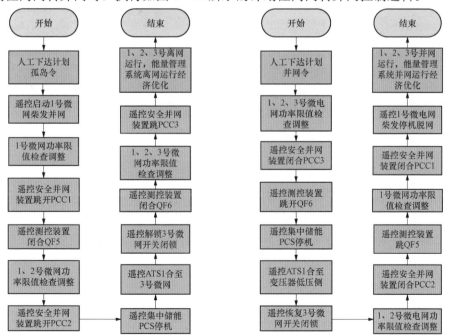

图 6-9　计划性微电网群并网转离网控制逻辑　　图 6-10　计划性微电网群离网转并网控制逻辑

2. 非计划性负荷转供模式切换控制策略

当局部电网突发性故障，执行非计划性负荷转供模式切换，遵循如下原则：1号故障，2号负责转供，3号并网运行；2号故障，1号负责转供，3号并网运行；3号故障，1号负责转供，2号并网运行，同时要求1号和2号微电网负荷可间断供电，3号微电网负荷实现不间断供电。3个微电网整体独立并网运行是初始状态，当1号微电网PCC1点网侧失电，执行1号微电网负荷转供控制逻辑，如图6-11所示。当2号微电网PCC2点网侧失电，执行2号微电网负荷转供控制逻辑，如图6-12所示。当3号微电网PCC3点网侧失电，执行3号微电网负荷转供控制逻辑，如图6-13所示。

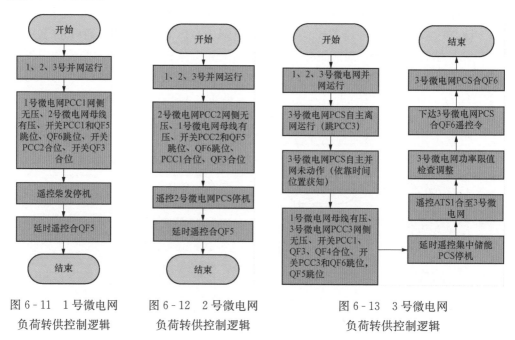

图6-11　1号微电网
负荷转供控制逻辑

图6-12　2号微电网
负荷转供控制逻辑

图6-13　3号微电网
负荷转供控制逻辑

3. 非计划性负荷转供恢复模式切换控制策略

非计划性负荷转供恢复模式切换分为1号微电网非计划负荷转供恢复，2号微电网非计划负荷转供恢复和3号微电网非计划负荷转供恢复三种情况。要求负荷转供恢复自动完成，1号微电网负荷可间断供电，2号和3号微电网负荷需不间断供电。

（1）1号微电网非计划负荷转供恢复控制。

切换之前的初始运行模式为：PCC1点断开，1号微电网和2号微电网通过PCC2并网运行，2号微电网通过联络开关QF3和QF5给1号微电网负荷供电，3

号微电网独立并网运行，柴油发电机不启动，1 号微电网中的 50kW 直流储能变流器工作于电流源模式，2 号微电网中的 100kW 交流储能变流器和 3 号微电网中150kW 交流储能变流器均采用虚拟同步发电机技术，使储能变流器具备模拟传统同步发电机的惯性和阻尼，可以参与电网的一次调频和一次调压。当 1 号微电网PCC1 点的网侧有压时，执行非计划负荷转供恢复控制策略，控制逻辑如图 6 - 14所示。

（2）2 号微电网非计划负荷转供恢复控制。

切换之前的初始运行模式为：PCC2 点断开，1 号微电网和 2 号微电网通过PCC1 并网运行，1 号微电网通过联络开关 QF3 和 QF5 给 2 号微电网负荷供电，3号微电网独立并网运行，柴油发电机不启动，当 2 号微电网 PCC2 点的网侧有压时，执行非计划负荷转供恢复控制策略，控制逻辑如图 6 - 15 所示。

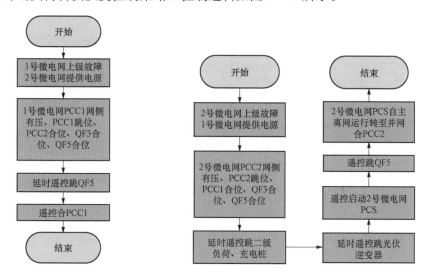

图 6 - 14　1 号微电网负荷转供恢复控制逻辑　　图 6 - 15　2 号微电网负荷转供恢复控制逻辑

（3）3 号微电网非计划负荷转供恢复控制。

切换之前的初始运行模式为：PCC3 点断开，1 号微电网和 3 号微电网通过PCC1 并网运行，1 号微电网通过联络开关 QF4 和 QF6 给 3 号微电网负荷供电，2号微电网独立并网运行，柴油发电机不启动，当 3 号微电网 PCC3 点的网侧有压时，执行非计划负荷转供恢复控制策略，控制逻辑如图 6 - 16 所示。

4. 非计划性并网转离网模式切换控制策略

非计划性并网转离网控制模式是指由于大电网故障造成 3 个子微电网的并网点网侧电压同时失电，整个微电网群按照某种原则被迫执行并网转离网的模式切换控

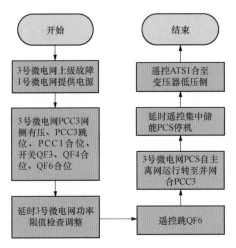

图 6-16　3 号微电网负荷转供恢复控制逻辑

制。设计模式切换的原则是 1 号和 2 号可间断供电，3 号实现不间断供电。

初始状态是：3 个子微电网独立并网运行，QF5 和 QF6 断开。当大电网失电时，3 号微电网首先完成并离网无缝切换，此时 1 号和 2 号处于停电状态；其次，1 号柴油发电机启动作为主电源，2 号微电网通过 FCK801 微机测控装置控制 QF5 实现并网供电，3 号微电网后台发送同期合闸指令给 150kW 储能变流器，储能变流器接收到指令后采用预同步控制 QF6 同期并网，最后实现由柴油发电机做主电源，3 个子微电网离网运行的运行模式，详细控制逻辑如图 6-17 所示。

5. 非计划性并网转离网恢复模式切换控制策略

非计划性并网转离网恢复控制是指当大电网有压时，整个微电网自动完成从离网模式到并网模式的切换。设计模式切换的原则是 1 号微电网可间断供电，2 号和 3 号微电网要实现不间断供电。

初始状态是：3 个子微电网离网运行，PCC1、PCC2、PCC3 断开，联络开关 QF5、QF6 闭合。

当大电网有压时，第一步：iSI-810 安全并网装置控制 PCC2 进行闭合、实现整个微电网系统的离网转并网运行；第二步：断开联合开关 QF5，实现 2 号微电网的独立并网运行；第三步：后台控制微机测控装置跳 QF6，3 号微电网独立离网运行，150kW 储能变流器做主电源；第四步：iSI-810 安全并网装置控制 PCC3 的闭合、实现 3 号微电网系统的离网转并网运行；第五步：iSI-810 安全并网装置控制 PCC1 的闭合、实现 1 号微电网系统的

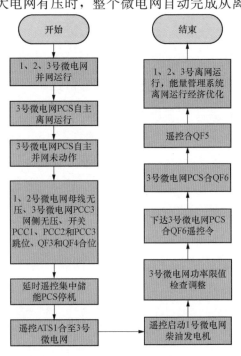

图 6-17　非计划性微网群并转离控制逻辑

离网转并网运行，详细控制逻辑如图 6-18 所示。

6.1.4 工程应用及其指导意义

能源的联合供给与互补配合可实现电能输送和利用效率的提升，将能源需求和开发的多样性要求与电力系统作为电力开发、配置和利用的基础平台属性有效整合，充分发挥电网在能源供给的核心配置作用，将各种能源供给通过电网协调实现互补运行，取长补短，缓解能源供需矛盾，促进新能源消纳，发挥综合效益。通过多能互补的理念改造配电网，将其打造为集电能采集、电能传输、电能存储分配、冷热的转化和传输为一体的能源供求互动的网络，充分发挥电网的能源供给的配置作用，实现了多种能源输入（太阳能、风能、天然气、浅层地热能等）、多种供能方式的输出（冷、热、电等）、多种能源转换单元（光伏、燃气轮机、内燃机，储能系统等），使配电网既满足可再生能源的充分利用，同时又保证了电能质量、

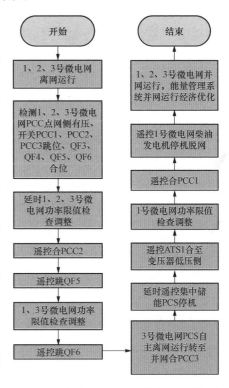

图 6-18 非计划性微网群离转并控制逻辑

运行稳定性、供电可靠性以及区域冷热的综合供应，对于建设清洁低碳、安全高效现代能源体系具有现实意义。

1. 关键技术应用

（1）模块化并联技术。

分布式光伏、风机、储能以及充电机等都通过电力电子变换器接入配电网，从维护方便角度将变换器统一采用标准化的三电平 DC/DC 及 DC/AC 功率模块构成不同容量的转换装置，根据应用场景不同，植入对应的控制软件，功率模块通过自主并联实现不同的接入需求，减少了装置类型并方便维护。

（2）注入式主动孤岛检测技术。

通过外置小功率的低频电源模块，把相当于零序分量的 20Hz 分量注入 380V 系统，根据孤岛发生前后 20Hz 分量的变化特征识别孤岛，实现不依赖逆变器、不依赖通信的主动式孤岛运行状态感知，解决现有方法存在检测盲区、速度慢、易引起电能质量问题等缺点，满足分布式电源与配电网的电气互联安全。

（3）虚拟同步发电机技术。

电力电子类型的分布式电源采用数字电路控制，暂态响应速度快，不能参与电网的调频及调压；自趋优虚拟同步机技术使得电力电子类分布式电源可根据系统频率扰动大小，自适应调整惯性，以防止转动惯量过大或过小造成的系统动态响应过慢或过快，阻尼过大或过小造成的暂态过程过长或过短，提高新能源发电系统的并网稳定域，实现变流器"电网友好型"特征和组网特性。

（4）P/U控制技术。

P/U控制技术可实现分布式电源可根据接入点电压情况自动进行出力调节，解决由于有功过多引起电压升高，从而使分布式发电退出运行的问题，提高分布式电源发电量渗透率。

（5）无通信微电网自主运行控制技术。

通过微电网的基波频率调制进行信息传递，不依赖通信、不增加控制设备，取消微电网集中控制单元，实现储能系统与分布式发电实现自主并联稳定运行，构建一种简单物理结构的高可靠、低成本微电网，满足微电网即插即用商业应用。

（6）预同步并网技术。

微电网离网转并网时无法保证两侧电压幅值和相位完全一致，合闸时可能引起较大冲击电流并导致并网失败和设备损坏，预同步并网技术通过幅值和相位逐步逼近保证微电网电压幅值、相位与配电网电压的幅值、相位一致，实现"零冲击"并网。

2. 多能互补能量管理

多能互补主动配电网能量管理系统采用就地控制、区间协同、全局优化技术，通过采集、控制以电能为主的多种能源的信息流并进行全局能量管理及运行优化，实现了供给侧常规能源和可再生能源的有序、互补、梯次和优化利用，满足电能调度和热能调度，从分布式电源发电端和消费端实现多能互补，图6-19所示为亿利多能互补主动配电网能量管理系统界面，通过供电和供热进行互补协调，提高可再生能源发电的利用率，实现了能源供给的经济运行。

供电方面：在满足客户用电安全和质量的前提下，以大电网供电为保障，利用用电调度和储能等手段，尽量提高分布式电源的利用率。当分布式电源发电功率与微电网用电负荷高于设定比例时，能量调度系统通过电能调度，首先将多余电量储存到储能和电动汽车电池中，当电池储满后，通过提高热泵运行负荷，将多余电能以热（冷）量的方式储存到建筑热（冷）负荷中，当建筑热（冷）负荷达到设定值后，若分布式电源发电功率仍大于配电网电负荷，限制分布式电源功率输出。整个过程中，当分布式电源功率低于用电负荷时，储能调度停止。

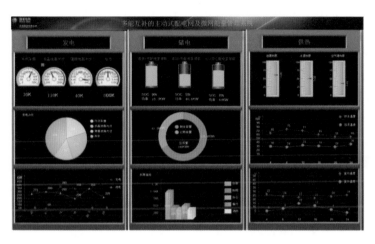

图 6-19　亿利多能互补主动配电网能量管理

供热方面：供热主要由余热、太阳能、电能、燃油等四种能源提供，通过各种热源进行优化调度，优先利用余热和太阳能，其次利用水源热泵，最后利用燃油锅炉。余热是一种免费能源，但只有在柴油发电机启动时产生，太阳能是可再生能源，但只有天气晴朗的白天产生，两者都是间歇性和不稳定能源，均无法单独作为冷热负荷的主力热源；水源热泵通过消耗少量电能可以为建筑提供大量的热能，可以作为供热系统的主要热源，以保证建筑供热的基本需求；锅炉通过燃烧柴油来产生热能，作为调峰和应急热源，当其他热源故障或功率不足时启用。

3. 工程应用指导意义

多能互补主动配电网充分发挥电网的能源供给的配置作用，实现了多种能源输入（太阳能、天然气、浅层地热能等）、多种供能方式的输出（冷、热、电等）、多种能源转换单元（光伏、燃气轮机、内燃机，储能系统等），将配电网由原来单一电能分配的角色转变为集电能收集、电能传输、电能存储分配、冷热的转化和传输为一体的新型多能源网络系统，即可充分利用可再生能源，同时又保证系统的电能质量、运行稳定性、供电可靠性以及区域冷热的综合供应，具有示范推广价值。

6.2　高密度分布式能源接入交直流混合微电网示范工程

6.2.1　工程简介

该示范工程依托国家 863 课题"高密度分布式能源接入交直流混合微电网关键技术"，浙江大学、天津大学、中国电科院、合肥工业大学、华北电力大学、许继集团和北京四方等国内多家科研院所和设备制造商联合，重点攻克高密度分布式能源接入交直流混合微电网系统的网架优化配置、稳定控制、综合保护、电能质量治理及能量优化等关键技术。

项目以浙江世纪华通车业股份有限公司厂区内现有光伏电站为主，配置适当容量的风力发电系统和储能系统，建立并网型低压交直流混合微电网混联结构，工程并网运行时，可实现微电网与配电网的多种协调互动；离网运行时，在保证重要负荷供电的基础上，实现分布式能源的最大化利用。厂区内现有太阳能发电容量约为2.4MWp，屋顶太阳能子系统经就地逆变后沿电缆井道、电缆沟接入光伏系统总配电所 10kV 母线。厂区电源由上虞 110kV 国庆变 10kV 华通 940 专线接入，世纪华通厂区 10kV 线路经 7 台 1250kVA 变压器降至 0.4kV 为华通厂区供电，厂区低压侧 0.4kV 为直接接地系统。

示范工程建设的含高密度分布式能源的交直流混合微电网为并网型微电网工程，包含多种分布式电源，其中改造或接入分布式光伏总容量 2.4MWp，新建 2 套5kW 风力发电系统，1 套 250kW/1MWh 铅酸蓄电池储能系统，1 套 20kW/50kWh的液流电池储能系统，1 套交直流微电网功率变换与网架系统，系统内交流最高负荷 1.2MW，直流负荷包括 10 台 50kW 的注塑机、50kW 的 LED 照明灯和 8 台60kW 的直流充电桩，直流最高负荷约 1MW。

图 6-20 所示为项目布局效果图。图 6-21 项目介绍及储能设备现场图片。

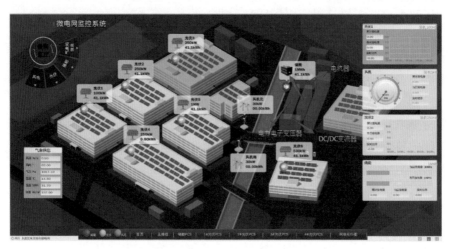

图 6-20　项目布局效果图

图 6-22 所示为交直流混合微电网上虞示范站一次主接线图，系统含有 10kV交流母线和 560V 直流母线，10kV 交流母线和 560V 直流母线均采用单母分段的接

(a)

(b)

图 6-21 项目介绍及储能设备现场图片

(a) 正面；(b) 背面

线方式，将配电区域划分为 10kV 交流母线 I 段、10kV 交流母线 II 段、560V 直流母线 I 段、560V 直流母线 II 段，其中 10kV 交流母线由上虞 10kV 公网接入，10kV 交流母线 I 段与 10kV 交流母线 II 段通过联络开关 KG1 相连，560V 直流母线 I 段与 560V 直流母线 II 段通过直流断路器相连。

（1）10kV 交流母线 I 段。

交流母线 I 段上接有 520kWp 光伏发电系统、2 台 250kVA 潮流控制器以及交流负荷。520kWp 光伏电池经 500kW 光伏逆变器逆变，再通过 1 台 630kVA 升压变压器升压后接入 10kV 交流母线 I 段；10kV 交流负荷约为 600kW，10kV 交流母线 I 段与 560V 直流母线 I 段通过 2 台 250kVA 潮流控制器相连。

（2）10kV 交流母线 II 段。

交流母线 II 段上接有 1 台 250kVA 潮流控制器、1 台 250kVA 直流变压器、1 套交流电能质量治理装置以及交流负荷。520kWp 光伏电池经 500kW 光伏逆变器逆变，再通过 1 台 630kVA 升压变压器升压后接入 10kV 交流母线 II 段；交流负荷约

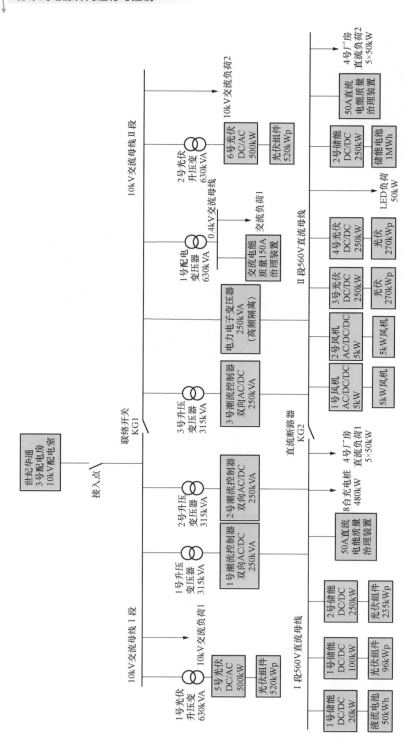

图 6-22 交直流混合微电网上虞示范站一次模拟主接线图

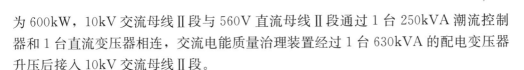

为 600kW，10kV 交流母线Ⅱ段与 560V 直流母线Ⅱ段通过 1 台 250kVA 潮流控制器和 1 台直流变压器相连，交流电能质量治理装置经过 1 台 630kVA 的配电变压器升压后接入 10kV 交流母线Ⅱ段。

（3）560V 直流母线Ⅰ段。

直流母线Ⅰ段上接有 20kW 的直流双向 DC/DC 储能变流器，储能电池为 50kWh 的液流电池；1 号光伏接有 100kW 的光伏 DC/DC 变流器，太阳能电池板为 96kWp；2 号光伏接有 250kW 的光伏 DC/DC 变流器，太阳能电池板为 235kWp；1 套 50A 的直流电能质量治理装置；直流负荷为 8 台 60kW 的直流充电桩和 4 号厂房的 5 台 50kW 的注塑机。

（4）560V 直流母线Ⅱ段。

直流母线Ⅱ段上接有 2 套 5kW 的 AC/DC 风电变流器；2 套 250kW 的光伏 DC/DC 变流器，太阳能电池板为 540kWp；1 套 250kW 的直流双向储能变流器，储能电池采用铅酸电池 1MWh；1 套 50A 的直流电能质量治理装置；直流负荷为 50kW 的 LED 照明负荷和 4 号厂房的 5 台 50kW 的注塑机。

6.2.2　运行模式

为充分体现交直流混合微电网运行模式的灵活性，保障故障发生时非故障部分持续高可靠供电，进而实现高密度分布式能源的高效、高可靠性接入和消纳，示范工程交直流混合微电网共设计四种运行模式，见表 6-3。

表 6-3　　　　　　　　　KG1、KG2 状态与运行模式关系

运行模式	KG1	KG2	运行模式	KG1	KG2
并网运行	闭合	闭合	交流母线分段运行	断开	闭合
直流母线分段运行	闭合	断开	交直流混合微电网孤网运行	断开	断开

1. 并网运行模式（KG1 和 KG2 均闭合）

此时 1、2 号潮流控制器采用直流侧下垂控制，稳定直流母线电压，3 号潮流控制器采用交流侧下垂控制（此时Ⅱ段 10kV 交流母线电压与频率实际是由大电网来稳定，但为了使 KG1 断开时 3 号潮流控制器不需要进行模式切换，因此采用交流侧下垂控制），直流变压器采用交流 P/Q 控制；并采取相应算法实现 3 台潮流控制器以及直流变压器之间的均流控制；储能系统作为受控源实现 SOC 控制。

首先考虑最底层的直流微电网，直流断路器左侧的 1 号直流微电网的分布式电源最大发电量为 350kW，储能为 20kW，总负荷为 730kW；直流断路器右侧的 2 号直流微电网的分布式电源最大发电量为 510kW，储能为 250kW，总负荷为 300kW。

由于处于并网状态，因此为了保证储能处于 SOC 较高状态，储能状态应为吸收功率或功率平衡状态。此时整个直流微电网的分布式电源最大发电量为 860kW，储能为 270kW，最大总负荷为 800kW。

在 10kV 交流母线上，KG1 左右两侧是 10kV 交流微电网且均有一个最大发电量为 500kW 光伏系统，以及两个 10kV 交流负荷与一个 0.4kV 交流负荷的需求。

2. 直流母线分段运行模式（KG1 闭合、KG2 断开）

此时 1、2 号潮流控制器采用直流侧下垂控制，稳定 1 号直流母线电压；2 号直流母线电压由其内部的 2 号储能进行稳定，3 号潮流控制器采用交流侧下垂控制，与作为 P/Q 受控源的直流变压器实现均流控制。

首先考虑最底层的直流微电网，直流断路器左侧的 1 号直流微电网的分布式电源最大发电量为 350kW，储能为 20kW，总负荷为 730kW。此时由于 1 号直流微电网依然处于并网状态，需通过 1、2 号潮流控制器以均流控制方式对其进行功率输送。直流断路器右侧的 2 号直流微电网无潮流控制器或直流变压器（3 号潮流控制器为交流侧下垂控制，不能稳直流电压；直流变压器运行于 P/Q 控制，也无稳直流电压能力），因此只能通过其内部的储能电池对其进行稳压控制。此时 1 号直流微电网分布式电源最大发电量为 350kW，储能为 20kW，最大总负荷为 730kW，2 号直流微电网分布式电源最大发电量为 510kW，储能为 250kW，最大总负荷为 300kW。

在 10kV 交流母线上，由于 KG1 闭合，整个 10kV 交流微电网的母线电压与频率由大电网稳定，左右两侧是 10kV 交流微电网且均有一个最大发电量为 500kW 光伏系统，以及两个 10kV 交流负荷与一个 0.4kV 交流负荷的需求。

3. 交流母线分段运行模式（KG1 断开、KG2 闭合）

整个直流母线电压由 1、2 号潮流控制器并联运行控制，并实现两机均流；3 号潮流控制器采用交流侧下垂控制，稳定 2 号交流母线电压与频率，与作为 P/Q 受控源的直流变压器实现均流控制。储能系统作为受控源实现 SOC 控制。

首先考虑最底层的直流微电网，直流断路器左侧的 1 号直流微电网的分布式电源最大发电量为 350kW，储能为 20kW，总负荷为 730kW；直流断路器右侧的 2 号直流微电网的分布式电源最大发电量为 510kW，储能为 250kW，总负荷为 300kW。由于处于并网状态，因此为了保证储能处于 SOC 较高状态，储能状态应为吸收功率或功率平衡状态。此时整个直流微电网的分布式电源最大发电量为 860kW，储能为 270kW，最大总负荷为 1030kW。

在 10kV 交流母线上，由于 KG1 断开，左侧的 1 号 10kV 交流微电网的母线电压与频率由大电网稳定，其中包含一个最大发电量为 500kW 光伏系统，以及一个

10kV 交流负荷；右侧的 2 号 10kV 交流微电网的母线电压与频率由 3 号潮流控制器稳定，其中包含一个最大发电量为 500kW 光伏，以及一个 10kV 交流负荷与一个 0.4kV 交流负荷的需求。

4. 交直流混合微电网孤网运行模式（KG1 与 KG2 均断开）

由于 KG1 与 KG2 均断开，整个交直流混合微电网被分为两部分：并网运行的 1 号 10kV 交流微电网和 1 号直流微电网，孤岛运行的 2 号 10kV 交流微电网和 2 号直流微电网。1 号直流母线电压由 1、2 号潮流控制器并联运行控制，并实现两机均流；2 号直流母线电压由 2 号储能进行稳压控制，2 号 10kV 交流微电网的母线电压和频率由 3 号潮流控制器的交流侧下垂控制稳定，4 号直流变压器作为 PQ 受控源或交流下垂控制与 3 号潮流控制器实现均流控制。

首先考虑最底层的直流微电网，直流断路器左侧的 1 号直流微电网的分布式电源最大发电量为 350kW，储能为 20kW，总负荷为 730kW；直流断路器右侧的 2 号直流微电网的分布式电源最大发电量为 510kW，储能为 250kW，总负荷为 300kW。由于 1 号直流微电网处于并网状态，因此为了保证储能处于 SOC 较高状态，1 号储能状态应为吸收功率或功率平衡状态；2 号直流微电网处于孤岛运行状态，2 号储能作为整个孤岛系统的主电源稳定 2 号直流微电网的电压。

在 10kV 交流母线上，由于 KG1 断开，左侧的 1 号 10kV 交流微电网的母线电压与频率由大电网稳定，其中包含一个最大发电量为 500kW 光伏系统，以及一个 10kV 交流负荷；右侧的 2 号 10kV 交流微电网的母线电压与频率由 3 号潮流控制器稳定，其中包含一个最大发电量为 500kW 光伏系统，以及一个 10kV 交流负荷与一个 0.4kV 交流负荷的需求。

图 6-23 所示为交直流混合微电网运行模式切换图。

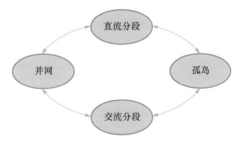

图 6-23　交直流混合微电网运行模式切换图

6.2.3　电力电子电源控制

交直流混合微电网中 1、2、3 潮流控制器和直流变压器连接交流母线和直流母线，实现对交流微电网和直流微电网之间的能量交换和相互支撑。

1. 潮流控制器

潮流控制器可以根据不同的运行模式，选择不同的控制模式。潮流控制器在工程现场如图 6-24 所示。

1 号潮流控制器和 2 号潮流控制器始终工作在并网运行状态并采用直流下垂控

图 6-24　交直流混合微电网
潮流控制器在工程现场

制模式，用来稳定直流微电网的母线电压，实现直流微电网稳定运行和功率分配。调节控制参考电压可改变输出电压，以实现直流母线电压的恢复。调节下垂系数可改变 1、2 号潮流控制器之间的功率分配比，进而实现 1、2 号潮流控制器之间功率的精确分担。

3 号潮流控制器采用交流下垂控制，主要有以下功能：

（1）系统工作在并网运行模式和直流母线分段运行模式时，3 号潮流控制器调节参考有功、参考无功以改变潮流控制器的输出功率，实现交流微电网和直流微电网之间的功率分担。

（2）系统工作在交流母线分段模式和孤岛运行模式时，3 号潮流控制器调节参考电压幅值、参考频率，稳定交流微电网的交流母线电压和频率，以保证交流微电网稳定运行，见表 6-4。

表 6-4　　　　　　　　　　　　潮流控制器控制方式

设备名称	变流器控制方式	可调参数	实现功能
1、2 号潮流控制器	直流 V/I 下垂	参考电压	稳定直流母线电压
		下垂系数	改变功率分担比
		参考电流	调节电流，实现功率无差分担
3 号潮流控制器	P/f、V/Q 下垂	参考幅值	稳定交流母线电压幅值
		参考频率	稳定交流母线频率
		有功下垂系数	调节有功下垂系数
		参考有功	调节 3 号潮流控制器的有功功率
		无功下垂系数	调节无功下垂系数
		参考无功	调节 3 号潮流控制器的无功功率

2. 直流变压器

直流变压器工程现场图片如图 6-25 所示。

直流变压器主要有以下功能：

（1）系统工作在并网运行模式和直流母线分段运行模式时，直流变压器采用

图 6-25　直流变压器工程现场图片

P/Q 控制模式，实现交流侧和直流侧的功率调度。

（2）系统工作在交流母线分段模式和孤岛运行模式，直流变压器采用交流下垂控制模式，与3号潮流控制器共同实现交流电压下垂控制，并实现功率的均分控制，见表6-5。

表 6-5　　　　　　　　　　　　直流变压器控制方式

设备名称	变流器控制方式	可调参数	实现功能
直流变压器	P/Q 控制	参考有功	有功功率可控
		参考无功	无功功率可控
	P/ f、V/ Q 下垂	参考幅值	稳定交流母线电压幅值
		参考频率	稳定交流母线频率
		有功下垂系数	调节有功下垂系数
		参考有功	调节直流变压器的有功功率
		无功下垂系数	调节无功下垂系数
		参考无功	调节直流变压器的无功功率

3. 储能变流器

储能变流器主要有以下功能：

（1）系统工作在并网运行模式和交流母线分段运行模式，储能 DC/DC 变流器采用功率控制模式（P 控制）对蓄电池进行充放电，并作为受控源接受功率调动，实现储能 SOC 控制。

（2）系统工作在直流母线分段模式和孤岛运行模式，储能 DC/DC 变流器采用电压控制模式（V 控制），用于稳定直流母线电压，见表6-6。

表 6 - 6 储能 DC/DC 变流器控制方式

设备名称	变流器控制方式	可调参数	实现功能
储能 DC/DC 变流器	直流下垂控制	参考电压	稳定直流母线电压
		参考电流	调节输出电流，实现功率无差分担；额定功率充放电保持 SOC 处于正常水平
		下垂系数	改变功率分担比

4. 光伏 DC/DC 变流器

光伏 DC/DC 变流器采用最大功率（MPPT，最大功率跟踪）输出，实现光伏的最大出力，同时可接受能量管理系统的功率调度，见表 6 - 7。

表 6 - 7 光伏 DC/DC 变流器控制方式

设备名称	变流器控制方式	可调参数	实现功能
光伏 DC/DC 变流器	MPPT/恒功率（P 控制）	功率调度指令	当可调恒功率 P 大于光伏最大预测出力时，按最大预测出力；当可调恒功率 P 小于光伏最大预测出力时，按恒功率 P 出力

6.2.4 能量管理系统

1. MEMS - 8500 交直流混合微电网能量管理系统

针对交直流混合微电网交直潮流断面，根据交流联络开关、直流断路器开关状态，交直流混合微电网可工作于四种运行模式：并网运行、交流分段运行、直流分段运行、离网运行。图 6 - 26 所示为交直流混合微电网能量管理系统主接线图。

将整个交直流混合微电网看作一级微电网，将交流联络开关、直流断路器开关右侧电网看作交流 II 段子微电网，交流 II 段子微电网是交直流混合微电网的下级微电网；将直流断路器右侧直流微电网看作直流 II 段子微电网，直流 II 段子微电网是交流 II 段子微电网的下级微电网。

并网运行和交流分段运行时，交直流混合微电网处于并网状态，交直流混合微电网能量管理系统具备交换功率控制、平滑出力控制的功能。

直流分段运行时，直流 II 段子微电网处于离网运行模式，交直流混合微电网能量管理系统具备直流 II 段子微电网的离网能量平衡功能，并网部分电网仍具备功率交换控制、平滑 DG 出力的功能。

离网运行时，交直流混合微电网能量管理系统具备交流 II 段子微电网的离网能量平衡功能，并网部分电网仍具备功率交换控制、平滑 DG 出力的功能。

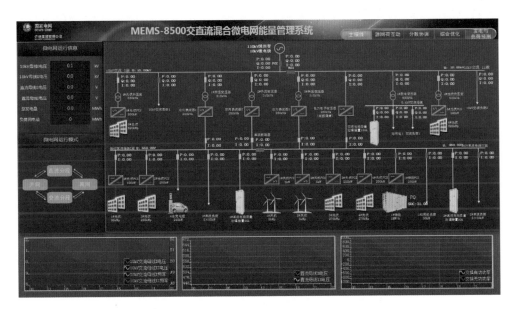

图 6 - 26　交直流混合微电网能量管理系统主接线图

2. 业务功能说明

（1）微电网源网荷互动优化。

交直流混合微电网中的分布式发电与大电网供电互相补充，与大电网进行功率交换是交直流混合微电网的通常运行模式。在交直流混合微电网中源、网、荷分别指分布式电源、电网和负荷，而源网荷的建设及投资由不同主体管控，隶属于不同的主体，在电力市场环境下，分布式电源发电方、电网企业、电力用户成为具有各自利益的独立个体，具有独立的决策权，相互之间通过电量或电价联系。由于各方投资对象和关注的重点不同，各方的投资收益受对方决策的影响，三方之间存在博弈关系，面向复杂主体多目标优化的博弈论有望解决该难题。当微电网内负荷需求波动时，交直流混合微电网能量管理系统通过比较微电源发电成本和大电网的购（售）电成本，采用基于多方博弈模型的混沌粒子群算法，优化确定各分布式电源出力的调整量以及向大电网的购（售）电量，从而保证交直流混合微电网内的功率平衡，为用户提供可靠、优质、经济的电能，最终实现能量结构的优化，使分布式电源、电网及负荷能够协调发展。图 6 - 27 所示为交直流混合微电网能量管理系统源网荷互动优化界面。

（2）交直流潮流断面分散互动协调。

交直流混合微电网包含交流子微电网和直流子微电网，其交流区和直流区通过AC/DC 双向潮流控制器相连。多台并列运行的 AC/DC 双向潮流控制器构成了交直

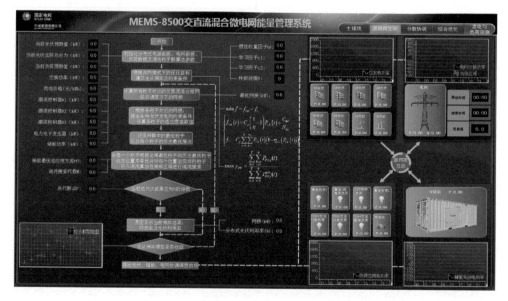

图 6-27　交直流混合微电网能量管理系统源网荷互动优化

潮流断面，其对实现功率的跨区交互，以及维持交直流混合微电网内功率的动态平衡起到至关重要的作用。在交直流混合微电网中，交流区域和直流区域之间通过功率的双向流动实现相互支撑，实现互联。交流区域和直流区域各自的功率平衡要靠负荷、分布式发电单元和 AC/DC 双向潮流控制器共同完成。因而 AC/DC 双向潮流控制器承担着交直流区域之间功率交换的任务，反映有功功率的交互情况。考虑到分布式电源出力具有波动性和不确定性，交直流负荷具有强随机性的特点，因而需要对交直潮流断面的功率柔性控制技术进行研究。基于此，交直流混合微电网能量管理系统开发交直流潮流断面分散互动协调高级功能应用，通过对交直潮流断面上多台 AC/DC 双向潮流控制器的协调控制，实现交直流子微电网之间潮流跨区互补，实现交直流混合微电网内功率实时、动态平衡，同时改善交流微电网内频率质量和直流微电网内的电压质量。图 6-28 所示为交直流潮流断面分散互动协调界面。

（3）综合优化运行。

分布式电源根据控制特性不同分为出力可控型和出力不可控型两类。针对不同类型的分布式电源，需要采用各自适应的控制策略。而针对交直流混合微电网运行中的不确定因素，采用优化算法对微电网负荷功率、风电和光伏的输出功率进行预测，以及由不确定因素造成的误差。蓄电池输出功率可控，则需采取合理的优化策略，优化其出力，保证交直流混合微电网安全、稳定、可靠、经济以及绿色运行。与传统的发电方式相比，新能源微电源的经济成本相对而言一般较高，但其在节能

图 6 - 28　交直流潮流断面分散互动协调

环保方面具备较大的优势。因此，需要采取一定的策略对各类分布式电源的出力进行综合优化，以满足经济环保的目标。根据交直流混合微电网交流区与直流区具有的不同电气特性，计及源荷特性对交直流混合微电网优化运行的影响，采用计及源荷误差的、交流区和直流区分区优化的综合优化运行策略。另外，在交直流混合微电网中，为利用好交、直流两种供用电方式的互补优势，需通过源荷的互动，减少微电网内多级能量变换造成的功率损耗以实现节能降损的目的。图 6 - 29 所示为综合优化运行界面。

（4）发电预测与负荷预测。

高渗透率的交直流混合微电网，其分布式电源发电波动性将对电网造成一定冲击，直接影响电力系统的安全稳定运行。高效的功率预测可以提高光伏发电系统的控制精度，有助于电网调度部门统筹进行光伏发电和常规电源的协调配合，合理安排电网运行方式，及时地调整调度计划。对电力系统而言，可以降低光伏发电系统并网时对电网的冲击，提高系统功率稳定性，以有效地减轻光伏接入对电网的不利影响，同时可以降低旋转备用容量和运行成本。因此本交直流混合微电网能量管理系统通过对光伏发电功率进行短期、超短期功率预测，作为微电网源网荷及综合优化运行优化算法初始的输入条件，为后续算法优化做好铺垫。

负荷预测是微电网能量管理系统最重要的组成部分之一，由于本示范工程应用于企业生产，本系统中先利用灰色关联方法筛选出与预测数据关联性较强的原始数据，然后将负荷原始检测数据与其相对应的灰色关联数据进行重构并规范化后作为

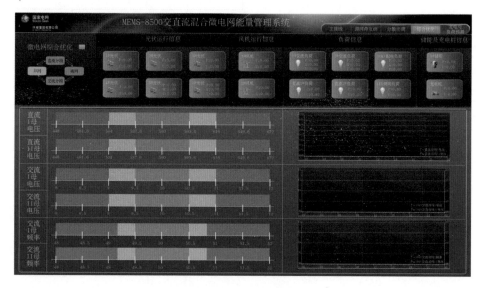

图 6-29　综合优化运行

线性回归的分析样本，应用改进的基于气象和产品信息的多元线性回归预测方法，对本示范工程所研究的工业企业进行负荷预测，充分考虑关键因素对预测结果的影响，在此基础上建立基于产品和气象信息的负荷预测方法，得出负荷超短期与短期两个时间尺度的预测结果，作为微电网源网荷及综合优化运行优化算法初始的输入条件，为后续算法优化做好铺垫。图 6-30 所示为发电预测与负荷预测界面。

图 6-30　发电预测与负荷预测

6.3　北辰商务中心绿色办公示范项目

6.3.1　工程简介

北辰商务中心绿色办公示范项目，位于北辰产城融合示范区高端装备产业园区块中部。本项目利用商务中心屋顶、新建车棚顶、停车场及相邻湖面分别建设太阳能光伏发电、风力发电及微电网储能系统，同时在大楼内建设能源管控及绿色用能展示中心。商务中心新建绿色能源包含光伏发电、风力发电、电动汽车充电桩、储能系统等，已有新能源系统为地源热泵系统。图 6-31 所示为北辰商务中心绿色办公示范项目鸟瞰图。

图 6-31　北辰商务中心绿色办公示范项目鸟瞰图

光伏发电、风力发电、电动汽车充电桩、电池储能系统均属于电力电子电源，同前面的介绍，不再赘述，本节重点介绍综合能源管控平台。

6.3.2　综合能源管控平台

（1）能源管控平台统筹商务中心的能源生产、储运、应用及再利用等能源全生命周期监测管理。利用遍布于新能源发电、储能充放电、冷热电负荷用能等设备传感器采集信息，对供能、储能、用能建立全面的能源监视，实现用能高度透明化。

（2）综合利用风力资源、光照资源、地源冷热资源，充分发挥电能间的有机整合、集成互补优势，配合储电、储冷、储热协调实现能源最大化利用，实现多种能源互联互补、协同调控，保障大楼能源供需平衡，促进清洁能源即插即用与友好接入，保障大楼清洁能源利用率高达 40%。

（3）构建室内温度自趋优、节能、均衡、自定义等多种用能模式下的控制策略，满足四季、工作日与非工作日、工作时间与非工作时间等多种用能需求下的个性化室内温度控制，保障舒适室温的同时最大化节约用能成本。

图 6-32 所示为综合能源指挥管控平台能源互动综合首页界面。

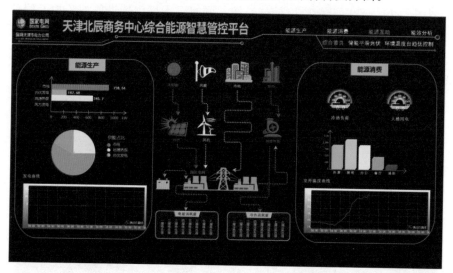

图 6-32　综合能源指挥管控平台能源互动综合首页界面

6.3.3　功能介绍

1. 能源总览

展示整个系统的整体运转情况，包括风、光、储、热泵及大楼的发电和用电情况，以及大楼主要用能比例和供能占比。图 6-33 所示为综合能源指挥管控平台能源总览界面。

2. 能源生产

展示园区内市电、光伏、风电、储能、地热的供电情况及统计指标。图 6-34 所示为综合能源指挥管控平台能源生产综合指标界面。

（1）光伏发电。展示园区内光伏发电的详细信息，包括各个逆变器的运行状态、发电功率、告警信息、气象信息以及总体发电指标等。图 6-35 所示为综合能源指挥管控平台能源生产光伏发电界面。

（2）储能。展示园区内储能系统的运行信息，包括 PCS 的运行状态、SOC/

SOH 信息、充放电功率、告警信息以及 BMS 信息等。图 6 - 36 所示为综合能源指挥管控平台能源生产储能界面。

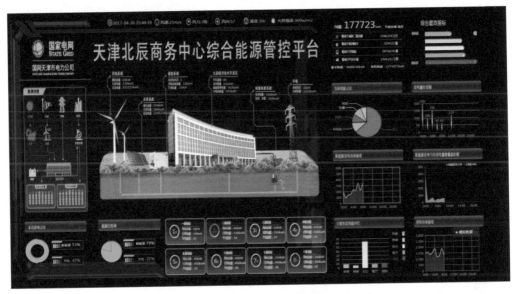

图 6 - 33　综合能源指挥管控平台能源总览界面

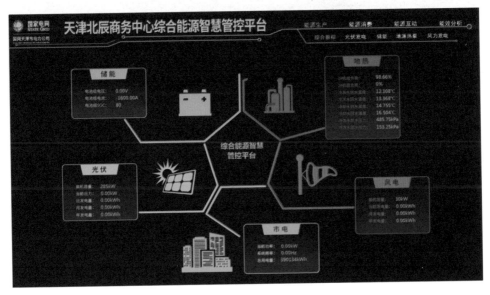

图 6 - 34　综合能源指挥管控平台能源生产综合指标界面

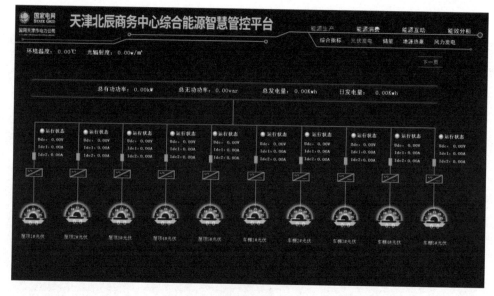

图 6-35　综合能源指挥管控平台能源生产光伏发电界面

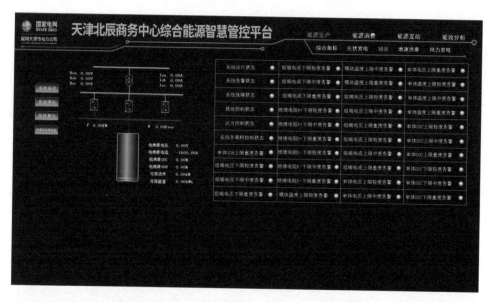

图 6-36　综合能源指挥管控平台能源生产储能界面

（3）地源热泵。展示园区内地源热泵运行的详细信息，包括机组状态信息、运行模式、温度及告警信息等。图 6-37 所示为综合能源指挥管控平台能源生产地源热泵界面。

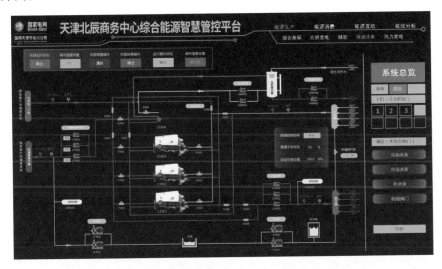

图6-37　综合能源指挥管控平台能源生产地源热泵界面

3. 能源消费

展示园区内的用电信息，包括照明用电、动力用电、地源热泵等负荷的消耗占比，以及楼宇内温度、舒适度等。图6-38所示为综合能源指挥管控平台能源消费综合首页界面。

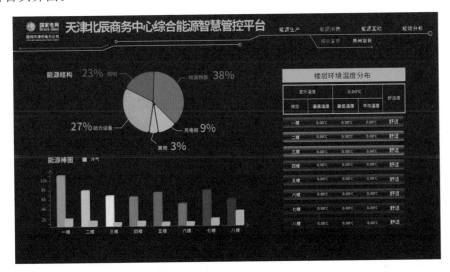

图6-38　综合能源指挥管控平台能源消费综合首页界面

房间能耗展示楼宇内不同区域不同楼层的耗电信息、环境温度等，对区域内的制冷制热通风模式可进行群控操作。图6-39所示为综合能源指挥管控平台能源消费房间耗能界面。

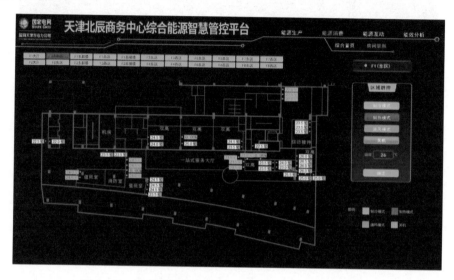

图6-39 综合能源指挥管控平台能源消费房间耗能界面

4. 新能源发电波动平滑控制

展示园区内储能系统对新能源发电波动性的平滑过程。图6-40所示为综合能源指挥管控平台能源互动储能平滑光伏界面。

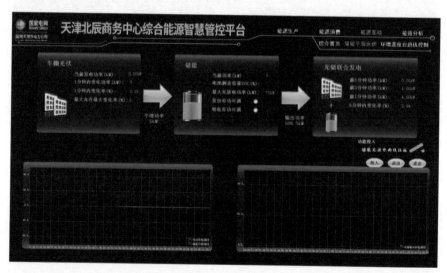

图6-40 综合能源指挥管控平台能源互动储能平滑光伏界面

5. 环境温度自趋优控制

应对不同场景下的应用，对园区楼宇内的环境温度设置了四种不同模式，分别为温度自趋优控制、均衡模式、节能模式、自定义模式。温度自趋优控制会根据当前的峰谷电价情况、地源热泵的运行情况综合分析，对楼宇内温度进行优化控制。图 6-41 所示为综合能源指挥管控平台环境温度自趋优控制界面。

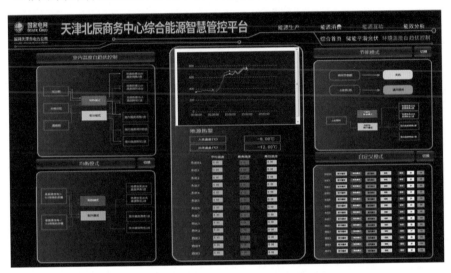

图 6-41　综合能源指挥管控平台环境温度自趋优控制界面

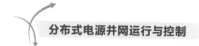
附录 名词术语中英文对照

序号	缩略语	中文含义	英文全称
1	ADN	主动配电网	Active Distribution Network
2	BMS	电池管理系统	Battery Management System
3	CID	实例配置文件	Configured IED Description
4	CL	可控负荷	Controllable Load
5	CP	渗透率	Capacity Penetration
6	DA	配电自动化	Distribution Automation
7	DER	分布式能源	Distributed Energy Resources
8	DG	分布式发电	Distributed Generation
9	DR	分布式电源	Distributed Resources
10	DS	占优策略	Dominant Strategy
11	DTU	配电终端	Distribution Terminal Unit
12	EMI	电磁干扰	Electromagnetic Interference
13	EPON	以太网无源光网络	Ethernet Passive Optical Network
14	ES	储能	Energy Storage
15	FA	馈线自动化	Feeder Automation
16	FSK	移频键控	Frequency - Shift - Keying
17	FTU	馈线终端	Feeder Terminal Unit
18	GCP	发电量渗透率	Generating Capacity Penetration
19	GIS	地理信息系统	Geographic Information System
20	GOOSE	面向通用对象的变电站事件	Generic Object Oriented Substation Event
21	GT	博弈论	Game Theory
22	HD	电压谐波检测法	Harmonics Detection
23	HMFC	交直流混合微电网潮流控制器	Hybrid Microgrid Flow Conditioner
24	IED	智能电子设备	Intelligent Electric Device
25	IS	国际标准	International Standard
26	MG	微电网	Micro - Grid
27	MGCC	微电网控制中心	Micro - Grid Control Center

序号	缩略语	中文含义	英文全称
28	MPPT	最大功率点跟踪	Maximum Power Point Tracking
29	NPC	中点钳位	Neutral Point Clamped
30	OLT	光线路终端	Optical Line Terminal
31	ONU	光网络单元	Optical Network Unit
32	PCC	公共连接点	Point of Common Coupling
33	PCS	能量转换系统	Power Conversion System
34	PDN	被动配电网	Passive Distribution Network
35	PJD	电压相位突变检测法	Phase Jump Detection
36	PNP	即插即用	Plug and Play
37	PTP	精密时间协议	Precision Time Protocol
38	PWM	脉冲宽度调制	Pulse Width Modulation
39	SAS	变电站自动化系统	Substation Automation System
40	SHEPWM	滞环控制的特定谐波消除调制	Specific Harmonic Elimination PWM
41	SOC	荷电状态	State of Charge
42	SVPWM	空间矢量脉宽调制	Space Vector Pulse Width Modulation
43	THD	总谐波失真	Total Harmonic Distortion
44	TR	技术报告	Technical Report
45	V2G	电动汽车到电网	Vehicle - to - Grid
46	VFD	电压/频率检测法	Voltage/Frequency Detection
47	VSG	虚拟同步发电机技术	Virtual Synchronous Generator
48	ZVS	零电压开关	Zero Voltage Switch
49	ZVZCS	零电压零电流开关	Zero Voltage Zero Current Switch

参 考 文 献

［1］李瑞生. 随机性电源即插即用发展及展望［J］. 供用电，2017（1）：61 - 67.

［2］李瑞生. 云—层—端三层架构体系的随机性电源即插即用构想［J］. 电力系统保护与控制，2016，44（7）：47 - 54.

［3］李瑞生. 移频控制无通信线互联的微电网控制技术［J］. 供用电，2016，33（10）：64 - 70.

［4］李献伟，王伟. 基于物联网的随机性电源即插即用运维技术方案研究［J］. 电力系统保护与控制，2016，44（16）：112 - 117.

［5］李瑞生，郭宝甫，曾正. 低频电源注入式主动孤岛检测方案［J］. 电力系统自动化，2017，44（5）：31 - 36.

［6］李瑞生，翟登辉. 光伏 DG 接入配电网及微电网的过电压自动调节方法研究［J］. 电力系统保护与控制，2015，43（22）：62 - 68.

［7］翟登辉，郭宝甫，王伟. 基于幅值和相位逐步逼近的微网预同步方法研究［J］. 电力学报，2016（2）：106 - 110.

［8］李瑞生，李献伟，谢卫华，等. 基于母线占优的交直流混合微电网协调控制技术研究［J］. 供用电，2016，33（9）：73 - 78.

［9］李瑞生，李献伟，毋炳鑫，等. 交直流混合微电网潮流控制器功能规范研究［J］. 智能电网，2016，4（9）.

［10］李瑞生，翟登辉，郭宝甫，等. 三电平 DC/AC 电源转换技术研究［J］. 电力系统保护与控制，2016，44（20）：24 - 30.

［11］李瑞生，翟登辉，徐军，等. 三电平双向 DC - DC、AC - DC 技术规范研究［J］. 智能电网，2016，4（9）.

［12］李瑞生. 适用主动配电网的差动保护方案研究［J］. 电力系统保护与控制，2015（12）：104 - 109.

［13］李瑞生. 一种基于虚拟节点网络拓扑结构适用于架空线路主动配电网的纵联保护方案［J］. 电力系统保护与控制，2015（2）：70 - 75.

［14］郭建勇，李瑞生，李献伟，等. 微电网继电保护的研究与应用［J］. 电力系统保护与控制，2014（10）：135 - 140.

［15］李瑞生. 微电网关键技术实践及实验［C］. 中国智能电网学术研讨会. 2012.

［16］田盈，孟赛，邹欣洁，等. 兆瓦（MW）级海岛微电网通信网络架构研究及工程应用［J］. 电力系统保护与控制，2015，43（19）：112 - 117.

［17］吕振宁，毋炳鑫，田盈，等. 兆瓦（MW）级海岛微电网自主运行控制方法研究与实践［C］. 中国电机工程学会继电保护专业委员会保护和控制学术研讨会. 2015.

［18］李瑞生，郭宝甫，傅美平，等. 海岛微电网运行模式切换控制研究与装置研制［C］. 2013

全国保护和控制学术研讨会. 2013.

[19] 李媛，陈华，郭俊辉，等. 分布式发电并网系统孤岛检测方法研究［J］. 电子技术应用. 2015（11）

[20] 程冲，杨欢，曾正，等. 虚拟同步发电机的转子惯量自适应控制方法［J］. 电力系统自动化. 2015（19）

[21] 吕志鹏，盛万兴，钟庆昌，等. 虚拟同步发电机及其在微电网中的应用［J］. 中国电机工程学报. 2014（16）

[22] 任雁铭. IEC 61850 与配电自动化系统［J］. 供用电. 2014（05）

[23] 冯炜，林海涛，张羽. 配电网低压反孤岛装置设计原理及参数计算［J］. 电力系统自动化. 2014（02）

[24] 程启明，王映斐，程尹曼，等. 分布式发电并网系统中孤岛检测方法的综述研究［J］. 电力系统保护与控制. 2011（06）

[25] 章杜锡，徐祥海，杨莉，等. 分布式电源对配电网过电压的影响［J］. 电力系统自动化. 2007（12）

[26] 徐军，王琨，翟登辉，等. 一种基于新型载波同相层叠 PWM 方法的飞跨电容型光伏发电并网技术［J］. 电力系统保护与控制. 2015（12）

[27] 李建林，田立亭，李春来. 储能联合可再生能源分布式并网发电关键技术［J］. 电气应用. 2015（09）

[28] 叶曙光，胡蕊，刘钊，等. 基于 LCL 滤波器的双向储能变流器研究［J］. 电力自动化设备. 2014（07）

[29] 姚致清，于飞，赵倩，等. 基于模块化多电平换流器的大型光伏并网系统仿真研究［J］. 中国电机工程学报. 2013（36）

[30] 康海云，杭乃善，卢桥，等. 分布式光伏发电在智能电网中的作用分析［J］. 电网与清洁能源. 2013（10）

[31] 曾博，刘念，张玉莹，等. 促进间歇性分布式电源高效利用的主动配电网双层场景规划方法［J］. 电工技术学报. 2013（09）

[32] 宋卓然，陈国龙，赫鑫，等. 光伏发电的发展及其对电网规划的影响研究［J］. 电网与清洁能源. 2013（07）

[33] 杨珺，张建成，桂勋. 并网风光发电中混合储能系统容量优化配置［J］. 电网技术. 2013（05）

[34] 朱勇，杨京燕，高领军，等. 含异步风力发电机的配电网无功优化规划研究［J］. 电力系统保护与控制. 2012（05）

[35] 陈良亮，张蓓蓓，周斌，等. 电动汽车非车载充电机充电模块的研制［J］. 电力系统自动化. 2011（07）

[36] 易映萍，姚为正，刘普，等. 基于可再生能源三电平并网变流器的研制［J］. 电力电子技术. 2010（06）

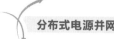

[37] 陶琼，吴在军，程军照，等. 含光伏阵列及燃料电池的微网建模与仿真 [J]. 电力系统自动化. 2010（01）

[38] 梁才浩，段献忠. 分布式发电及其对电力系统的影响 [J]. 电力系统自动化. 2001（12）

[39] 张玉治，张辉，贺大为，等. 具有同步发电机特性的微电网逆变器控制 [J]. 电工技术学报. 2014（07）

[40] 张新昌. 微电网运行控制解决方案及应用 [J]. 电力系统保护与控制. 2014（10）

[41] 鲍薇，胡学浩，李光辉，等. 基于同步电压源的微电网分层控制策略设计 [J]. 电力系统自动化. 2013（23）

[42] 周逢权，毛建容，马红伟，等. 含高渗透分布式电源的独立海岛供电系统稳定控制探讨 [J]. 电力系统保护与控制. 2013（02）

[43] 丁明，杨向真，苏建徽. 基于虚拟同步发电机思想的微电网逆变电源控制策略 [J]. 电力系统自动化. 2009（08）

[44] 秦红霞，武芳瑛，彭世宽，等. 智能电网二次设备运维新技术研讨 [J]. 电力系统保护与控制. 2015（22）

[45] 李振坤，周伟杰，钱啸，等. 有源配电网孤岛恢复供电及黑启动策略研究 [J]. 电工技术学报. 2015（21）

[46] 黄雄峰，翁杰，张宇娇. 微电网建设规划方案评估与选择 [J]. 电工技术学报. 2015（21）

[47] 李少林，王瑞明，孙勇，等. 分散式风电孤岛运行特性与孤岛检测试验研究 [J]. 电力系统保护与控制. 2015（21）

[48] 张跃，杨汾艳，曾杰，等. 主动配电网的分布式电源优化规划方案研究 [J]. 电力系统保护与控制. 2015（15）

[49] 许刚，谈元鹏，黄琳. 基于低秩矩阵填充的 XLPE 电力电缆寿命评估 [J]. 电工技术学报. 2014（12）

[50] 吕颖，孙树明，汪宁渤，等. 大型风电基地连锁故障在线预警系统研究与开发 [J]. 电力系统保护与控制. 2014（11）

[51] 象征，曹有连，马生亮，等. 大型光伏电站电气设备的运行维护要点 [J]. 太阳能. 2014（03）

[52] 王滨，赵婉婷. 基于变电设备健康状态评估的 CIM 模型研究 [J]. 科技信息. 2014（07）

[53] 孙洁，王增平，王英男，等. 含分布式电源的复杂配电网故障恢复 [J]. 电力系统保护与控制. 2014（02）

[54] 霍群海，唐西胜. 微电网与公共电网即插即用技术研究 [J]. 电力自动化设备. 2013（07）

[55] 王韶，江卓翰，朱姜峰，等. 计及分布式电源接入的配电网状态估计 [J]. 电力系统保护与控制. 2013（13）

[56] 黄小庆，张军永，朱玉生，等. 基于物联网的输变电设备监控体系研究 [J]. 电力系统保护与控制. 2013（09）

[57] 刘新春. 浅谈大型光伏并网电站的运行与维护 [J]. 可再生能源. 2012（05）

［58］龚钢军，孙毅，蔡明明，等. 面向智能电网的物联网架构与应用方案研究［J］. 电力系统保护与控制. 2011（20）

［59］李勋，龚庆武，乔卉. 物联网在电力系统的应用展望［J］. 电力系统保护与控制. 2010（22）

［60］罗毅，施琳，涂光瑜，等. 适应分布式源即插即用特性需求的微网公共信息模型［J］. 电力系统自动化. 2010（08）

［61］吴波. 健康状态评估方法及应用研究［J］. 计算机测量与控制. 2009（12）

［62］王波，张保会，郝治国. 基于功率监测和频率变化率的孤岛微电网紧急切负荷控制［J］. 电力系统自动化. 2015（08）

［63］刘思佳，庄圣贤，谢茂军. 基于调制比定向偏移控制的孤岛检测方法［J］. 电力系统自动化. 2015（03）

［64］崇志强，戴志辉，焦彦军. 基于负序电流注入的光伏并网逆变器孤岛检测方法［J］. 电力系统保护与控制. 2014（24）

［65］陈增禄，孟新新，王晓俊，等. 孤岛检测的低频相位扰动新方法［J］. 电力系统自动化. 2014（13）

［66］梁建钢，金新民，吴学智，等. 基于非特征谐波正反馈的微电网变流器孤岛检测方法［J］. 电力系统自动化. 2014（10）

［67］吴学智，梁建钢，童亦斌，等. 基于复数滤波器和非特征次谐波注入的电网阻抗估算方法［J］. 电网技术. 2013（10）

［68］汤婷婷，张兴，谢东，等. 基于高频注入阻抗检测的孤岛检测研究［J］. 电力电子技术. 2013（03）

［69］张学广，王瑞，刘鑫龙，等. 改进的主动频率偏移孤岛检测算法［J］. 电力系统自动化. 2012（14）

［70］阚加荣，谢少军，姚志垒，等. 低压微电网中并网逆变器主动移频式孤岛检测技术［J］. 电力系统自动化. 2012（07）

［71］刘芙蓉，康勇，王辉，等. 主动移相式孤岛检测的一种改进的算法［J］. 电工技术学报. 2010（03）

［72］李鹏，张玲，王伟，等. 微网技术应用与分析［J］. 电力系统自动化. 2009（20）

［73］郭小强，邬伟扬. 微电网非破坏性无盲区孤岛检测技术［J］. 中国电机工程学报. 2009（25）

［74］姚晴林，赵斌，郭宝甫，等. 自适应 20Hz 电源注入式定子接地保护［J］. 电力系统自动化. 2008（18）

［75］郭小强，邬伟扬. 微电网非破坏性无盲区孤岛检测技术［J］. 中国电机工程学报. 2009（25）

［76］王先为，卓放，杨美娟. 交直流微网 PCC 无缝切换控制策略研究［J］. 电力电子技术. 2012（08）

[77] 张犁，吴田进，冯兰兰，等. 模块化双向 AC/DC 变换器并联系统无缝切换控制 [J]. 中国电机工程学报. 2012 (06)

[78] 张纯，陈民铀，王振存. 微网运行模式平滑切换的控制策略研究 [J]. 电力系统保护与控制. 2011 (20)

[79] 曹智平，周力行，张艳萍，等. 基于供电可靠性的微电网规划 [J]. 电力系统保护与控制. 2015 (14)

[80] 陈娜，王劲松. 微电网模式控制器研制与应用 [J]. 电力系统保护与控制. 2015 (11)

[81] 丁明，田龙刚，潘浩，等. 交直流混合微电网运行控制策略研究 [J]. 电力系统保护与控制. 2015 (09)

[82] 张祥宇，王慧，樊世通，等. 风电海水淡化孤立微电网的运行与控制 [J]. 电力系统保护与控制. 2015 (04)

[83] 熊远生，俞立，徐建明. 光伏发电系统多模式接入直流微电网及控制方法 [J]. 电力系统保护与控制. 2014 (12)

[84] 沈沉，吴翔宇，王志文，等. 微电网实践与发展思考 [J]. 电力系统保护与控制. 2014 (05)

[85] 李献伟，李保恩，王鹏. 微电网技术现状及未来发展分析 [J]. 通信电源技术. 2015 (05)

[86] 李国庆，谭龙，王振浩，等. 单相接地故障对换流器内部环流影响的研究 [J]. 电力系统保护与控制. 2016 (03)

[87] 徐千鸣，罗安，马伏军，等. 考虑低频振荡的 MMC 有源阻尼环流抑制方法 [J]. 电工技术学报. 2015 (24)

[88] 王瑞琪，程艳，孙树敏，等. 基于坐标旋转虚拟阻抗的微电网控制与性能分析 [J]. 电力系统保护与控制. 2014 (12)

[89] 高建，苏建徽，高航，等. 模块化多电平换流器电容电压与环流的控制策略 [J]. 电力系统保护与控制. 2014 (03)

[90] 杨勇，阮毅，汤燕燕，等. 风力发电系统中并网逆变器并联运行环流分析 [J]. 高电压技术. 2009 (08)

[91] 陶维青，李嘉茜，丁明，等. 分布式电源并网标准发展与对比 [J]. 电气工程学报. 2016 (04)

[92] 宗瑾，白恺，刘辉，等. 分布式发电相关标准及政策综述 [J]. 华北电力技术. 2014 (09)

[93] 鲍薇，胡学浩，何国庆，等. 分布式电源并网标准研究 [J]. 电网技术. 2012 (11)

[94] 徐丙垠. 2013 年国际供电会议系列报道运行、控制与保护 [J]. 电力系统自动化. 2013 (18)

[95] 范明天，张祖平，苏傲雪，等. 主动配电系统可行技术的研究 [J]. 中国电机工程学报. 2013 (22)

[96] 宋小会，郭志忠，倪传坤，等. 区域电网集中式网络保护研究 [J]. 电力系统保护与控制. 2013 (13)

［97］李力，赵希才. 2012 年国际大电网会议系列报道——电力系统保护与自动化［J］. 电力系统自动化. 2012（23）

［98］范明天. 2011 年第二十一届国际供电会议综述［J］. 供用电. 2011（04）

［99］范明天. 2010 年国际大电网会议配电系统及分散发电组研究进展与方向［J］. 电网技术. 2010（12）

［100］李瑞生，贺要锋，樊占峰，等. T 型输电线路三端差动保护工程应用实践［J］. 电力系统保护与控制. 2010（06）

［101］李瑞生，鄢安河，樊占峰，等. 同杆并架双回线继电保护工程应用实践［J］. 电力系统保护与控制. 2010（05）

［102］范明天. 2009 年第二十届国际供电会议综述［J］. 供用电. 2009（05）

［103］孙鸣，余娟，邓博. 分布式发电对配电网线路保护影响的分析［J］. 电网技术. 2009（08）

［104］赵上林，胡敏强，窦晓波，等. 基于 IEEE1588 的数字化变电站时钟同步技术研究［J］. 电网技术. 2008（21）

［105］张太升，鄢安河，赵一，等. 同杆双回线的新型继电保护方案研究［J］. 继电器. 2008（08）

［106］梁芝贤，王剑，唐万理. 智能配电网 EPON 技术应用研究及网络设计［J］. 电力系统通信. 2012（02）

［107］孙孝峰，吕庆秋. 低压微电网逆变器频率电压协调控制［J］. 电工技术学报. 2012（08）

［108］姚勇，朱桂萍，刘秀成. 电池储能系统在改善微电网电能质量中的应用［J］. 电工技术学报. 2012（01）

［109］杨恢宏，余高旺，樊占峰，等. 微电网系统控制器的研发及实际应用［J］. 电力系统保护与控制. 2011（19）

［110］刘杨华，吴政球. 孤岛运行的微电网潮流计算方法研究［J］. 电力系统保护与控制. 2010（23）

［111］康龙云，郭红霞，吴捷，等. 分布式电源及其接入电力系统时若干研究课题综述［J］. 电网技术. 2010（11）

［112］苏玲，张建华，王利，等. 微电网相关问题及技术研究［J］. 电力系统保护与控制. 2010（19）

［113］陈达威，朱桂萍. 低压微电网中的功率传输特性［J］. 电工技术学报. 2010（07）

［114］杨佩佩，艾欣，崔明勇，等. 基于粒子群优化算法的含多种供能系统的微网经济运行分析［J］. 电网技术. 2009（20）

［115］王新刚，艾芊，徐伟华，等. 含分布式发电的微电网能量管理多目标优化［J］. 电力系统保护与控制. 2009（20）

［116］艾欣，崔明勇，雷之力. 基于混沌蚁群算法的微网环保经济调度［J］. 华北电力大学学报（自然科学版）. 2009（05）

［117］孙鸣，赵月灵，王磊. DG 容量及接入方式对变电站继电保护定值的影响［J］. 电力自动化设备. 2009（09）

［118］王成山，肖朝霞，王守相. 微网综合控制与分析［J］. 电力系统自动化. 2008（07）

［119］黄伟，雷金勇，夏翔，等. 分布式电源对配电网相间短路保护的影响［J］. 电力系统自动化. 2008（01）

［120］盛鹍，孔力，齐智平，等. 新型电网－微电网（Microgrid）研究综述［J］. 继电器. 2007（12）

［121］丁明，王敏. 分布式发电技术［J］. 电力自动化设备. 2004（07）

［122］杨志淳，乐健，刘开培，等. 微电网并网标准研究［J］. 电力系统保护与控制. 2012（02）

［123］刘畅，袁荣湘，刘斌，等. 微电网运行与发展研究［J］. 南方电网技术. 2010（05）

［124］张宗包，袁荣湘，赵树华，等. 微电网继电保护方法探讨［J］. 电力系统保护与控制. 2010（18）

［125］袁越，李振杰，冯宇，等. 中国发展微网的目的方向前景［J］. 电力系统自动化. 2010（01）

［126］左文霞，李澍森，吴夕科，等. 微电网技术及发展概况［J］. 中国电力. 2009（07）

［127］肖宏飞，刘士荣，郑凌蔚，等. 微型电网技术研究初探［J］. 电力系统保护与控制. 2009（08）

［128］鲁宗相，王彩霞，闵勇，等. 微电网研究综述［J］. 电力系统自动化. 2007（19）

［129］欧阳丽，葛兴凯. 海岛智能微电网技术综述［J］. 电器与能效管理技术. 2014（10）

［130］张先勇，舒杰，吴昌宏，等. 一种海岛分布式光伏发电微电网［J］. 电力系统保护与控制. 2014（10）

［131］刘玮，王海柱，张延旭. 智能变电站过程层网络报文特性分析与通信配置研究［J］. 电力系统保护与控制. 2014（06）

［132］张朋，李瑞生，王晓雷. 微电网通信系统研究与设计［J］. 计算机测量与控制. 2013（08）

［133］辛培哲，闫培丽，肖智宏，等. 新一代智能变电站通信网络技术应用研究［J］. 电力建设. 2013（07）

［134］朱全聪，苏杰，赵永辉，等. 智能变电站三网合一的网络架构分析与研究［J］. 机电信息. 2012（36）

［135］蹇芳，李建泉，吴小云. 基于 IEC 61850 标准的微电网监控系统［J］. 大功率变流技术. 2012（02）

［136］张佳斌，杨欢，赵荣祥，等. 微电网通信系统研究综述［J］. 华东电力. 2011（10）